福　野　礼　一　郎

世界自動車戦争論

F u k u n o R e i i c h i r o

Rolls Royce Phantom......Mini......Mercedes-Benz S-Class......
Aston Martin V8 Vantage......Porsche Cayman......
Chrysler 300C......Range Rover......Alfa Romeo Alfa GT......
Lamborghini Murcielago LP640......Citroen C6......
Ford Mustang......Audi TT Coupé......BMW630i......Jaguar XJ......
Hummer H3......Volvo S80......

1

ブ　ラ　ン　ド　の　世　紀

双葉社

世界自動車戦争論1
ブランドの世紀

協力……ゲーテ編集部、エムピーアイ
企画編集……加藤晴久
装幀……日下充典
本文デザイン……KUSAKA HOUSE

Contents

Prologue……2007年11月27日(火)日産GT-R

試乗会

２００７年11月の最終週、宮城県仙台市にある仙台ハイランドを舞台に日産ＧＴ－Ｒの国際報道試乗会が行われた。５日間の日程で日本、アメリカ、欧州、アジア／東南アジア／中近東などの自動車報道関係者を招き、仙台ハイランド付設のサーキット（仙台ハイランド・レースウェイ／全長４・０６３㎞）および施設周辺の公道で試乗させるという大掛かりなイベントだ。

招かれたのは試乗会第２日目、11月27日（火）である。４８０馬力／トルク60kgmという日本自動車史上初の超高性能車だけにメーカー側の神経の使い方は並大抵のものではなく、開発中もごく限られた人間しかハンドルを握ることをゆるされなかったという。実は今回の試乗でも「５００馬力以上のクルマをサーキットかサーキットに準ずる場所で運転したことがある経験者のみ」という条件がやんわりと提示された。

当日早朝8時、仙台市内に前泊した編集スタッフはレンタカーで試乗会場に到着。仙台市から国道48号線を選んで真西へおよそ40㎞、作並温泉の近くにある仙台ハイランドは大東岳に続く高地の上にある。気温は東京より7～8度は低い。当日は晴天にめぐまれたが、時折吹きつける突風の冷たさは山のそれだ。日産自動車はレースウェイのパドック裏に巨大な特設テントを仮設、万全のプレゼンテーション体制を整えていた。ＧＴ－Ｒに投入されたハイテク技術は現物の部品が多数持ち込まれて展示してあるだけでなく、それぞれのセクションの開発担当者がずらりと顔をそろえて取材対応をするという気配りである。

福野礼一郎はもちろんレーサーでもレーサー出身者でもないが、オーバー600馬力級スポーツカーの運転経験はある。技術説明に続き本日のスケジュールが配布されるが、ここで当人が意外なことを言い出した。「サーキットでは乗らない」というのである。GT－Rの開発の舞台は主にサーキットであったという。ドイツ西部のアイフェル高地にあるニュルブルクリンク・ノルドシュライフェやここ仙台ハイランド・スピードウェイなどを精力的に走り込んだ。

「ニュルブルクリンクにせよどこにせよ、開発の舞台にクルマを持って行って走ったときに最高なのは当たり前です。それじゃ敵の机の上でカードゲームするようなもんですよ。試乗のときは自分の庭に持ってこなきゃ。つまり公道を普通に走ってみないとクルマが本当にいいか悪いかなんて分かりません」。

サーキット走行割り当て時間、仮設テント内に展示された各部パーツを1つ1つ見ながらそれぞれの開発担当者にインタビューすることで時間を使う。昼食後はいよいよ公道での試乗である。我々に貸し出された公道用試乗車はガンメタリック。試乗時間は約2時間半。日産推薦のコースをここでも完全に無視し、敷地内に広がるワインディングロードや仙台市方向に戻る国道48号線などで精力的に試乗する。

敷地内の道路は細い2車線、舗装はひどく荒れていて段差やうねりがある。その道で容赦なく全開加速を繰り返す運転を見ていてスタッフは思わず身をすくませた。これならサーキット走行の方が100倍安全だ。

2時間の試乗を終えたのち、編集者のインタビューに答える前にもう一度日産の技術者たちと話したいという。午後4時を回った会場の仮設テントの一角は福野を中心に開発者がずらり円陣を囲むディスカッション会場の様相。我々がようやく話を聞くことができたのは5時を回ったころである。

編集 お疲れ様でした。
福野 お待たせしました。
編集 で、どうでしたGT−R。一言で言って。
福野 一口に言って「これが日本人の作った日本のGT−Rだ文句あるか」と世界に向かって自慢できるスポーツカーですね。
編集 おおおお〜。
福野 （ちょっと考えて）こんなに思い切りのいい機械を日本人が作ったのは太平洋戦争にボロ敗けして以来初めてじゃないかな。こいつは零戦ですよ。

編集　ゼロ戦！　それはまた凄い比喩ですねえ。……つまりヘタに飛ばすと墜落して死ぬぞということですか。

福野　ははははそれもありますね。それもある。でもこの場合は、目標が非常に高度かつ単純明快で、多少の欠点や難点が出ることをほとんど顧みずにその目標達成のためにひたすら邁進《まいしん》したという設計と開発のあり方において、これまでの日本のクルマとは一線を画しているという、そういう意味です。

編集　じゃあじゃあ、まず乗った感想からひとつずつ伺います。

福野　その方がいいでしょう。

編集　速いですか。

福野　頭のねじが吹っ飛ぶくらい速いですよ。2速、3速でフルブーストになってる時の加速は「気持ちいい」を通り越して「頑張って耐える」領域にもう入ってます。

編集　は〜。「耐える加速」ですか。失神しそうですか。

福野　寝不足か体調悪いと気分が悪くなるでしょうね。まあしかしそれは世界のどの500馬力もみんなそうなので技術の問題じゃない。単なる物理的現象ですよ。GT－Rのエンジンの凄いところはパワー空燃比での走行領域を狭くし、ほとんどのクルーズ領域を理論空燃比で走っていることです。ストイキで排気温度1000度Cというのは間違いなく世界最高レベルの技術です。

編集　……。

福野　空気とガソリンの混合比率を薄くしてガソリンの比率を少なくしていくと排気温度が上昇します。ターボは熱エネルギー変換装置なんで排気温度が高いと効率が上がります。排気温度が高いとターボ下流の触媒装置の効率も向上します。つまり排気温度が高いというのはエンジンの熱効率が高いという証です。しかし通常のエンジンで排気温度が1000度Cになるほどガソリンを薄くすると、ノッキングが起こってパワーダウンしたり、焼き付きや異常磨耗を生じたりする。480馬力のエンジンの実用域の大半をストイキ（理論空燃比）でカバーする、これぞ世界の先端技術です。

編集　なるほど。しかしいくら燃費がいいといっても素人が乗りこなせるんでしょうか。血の気が引いて失神しそうになる加速なんて……。ブレーキは効くんですか。

福野　素晴らしいです。ブレーキだけじゃなくて踏んだときのクルマ側の姿勢安定性もいい。

編集　ブレンボですよね（イタリアの有名ブランド・ブレーキメーカー）。

福野　日産の要望でブレンボを徹底的に改良したものです。市販のブレンボと比べるとはるかにメカとして進化している。しかし摩擦係数0・45なんてパッド使ってますから、ローターは減りますよこれは。

編集　……というと。

福野　ブレーキの効きは他の条件一定ならパッドの摩擦係数で決まります。日本車の平均は0・30〜0・35ですが、ヨーロッパ車の高性能車は0.4以上のものを使ってます。だからブレーキが効くんですよ。ただし摩擦係数の高いパッドは摩耗しやすいし、鳴きが出やすいし、粉塵を出すし、ローターを攻撃する（すり減らす）。だから日本車は使えないんですよクレームを考えると。GT－Rのパッドは剛性強化して鳴き対策はやったそうですが、ローターはやっぱり摩耗する。パッド交換のとき4輪のローターも同時に交換するのが整備基準だそうです。これは高いよ（笑）。部品代だけで40万はいくでしょう。

編集　え、ええ〜？

福野　本物の500馬力っていうのはそういうものです。

編集　GT－Rのトランスミッションは車体の後部に設置するトランスアクスル方式ですよね。それを電子制御変速する。しかも4WD。そのあたりはどうでした。

福野　4WDについては日産伝統のE－TS方式（電制クラッチ式トルク配分）、実績もあるし申し分ない。世界第一級のスポーツカー4WDシステムです。実はポルシェも06年型のターボからようやく類似システムを採用して追いついてきたんですが、GT－Rはフロント荷重がポルシェより大きいので電制でコントロールできる幅が広い。だからハンドリングの奥も深いし、クルマが何でもよく言うことを聞きます。ポルシェは幅が狭いから教科書通りに運転しないとひどい目に遭う。電制2ペダル・マニュアルはボルグ・ワーナー社との共同開発で、VW/アウディの「DSG」と同じシステムです。原理的には2台のマニュアルギヤボックスを電制で切り替えながら瞬間変速する。フル加速中の変速の早さは到底人間業ではありません。問題は低中速でのドライバビリティですが、今日乗った限り悪くありませんでした。シフトショック自体は当然トルコンATよりは大きくてラフですが、通常のシングルクラッチ式電制MTよりは変速の切れがいい。ただし油温が上昇してくると「からころかっしゃーん」という電制MT独特の変速異音が出てました。分かってたんだけど特に対策しなかったそうです。そんなことより他を優先したということでしょう。

編集　なるほど。「思い切りのよさ」というのが分かってきました。

福野　例えばですね。このクルマ真っ直ぐ走んないんですよ(笑)。路面のわだちなどにハンドルを取られる。「ワンダリング」という現象なんですが、それがモロに出てます。今日もブリヂストンの人が来てたんでその件を聞いてみたんですが、ランフラットタイヤ(パンクしても走れるタイヤ)で「ニュルブルクリンク8分を切る」というのが日産の条件だったので、タイヤの縦ばね係数を上げざるを得ず、結果ワンダリングはやむなく出てしまう、ということでした。ワンダリングはタイヤの縦ばねと密接な相関関係があるんですね。

編集　タイヤをソフトにすれば公道での直進安定性が良くなることは分かってたが「ニュル8分」を取ったと。

福野　開発スタッフの一人に「このクルマ、公道での開発はやったんですか」と聞いたら「日本の道ではあんまりやってない」って言うんですよ。終始徹底してますね。まあもちろんVDC（車両運動性制御装置）をONにしておけば方向安定性は常に保たれるし、VDCオフでも4輪のグリップを失うとエンジンがオーバーレブするので、結果的に電制MTが自動シフトアップし、トルクが低下してグリップが戻る。実際には自分で運転しながら感じるほど危険なクルマではないです。ブレーキもよく効くし、そういう意味では世界一安全な480馬力とはいえるでしょう。しかし480馬力のクルマを公道でフル加速させるのは絶対に安全なことなどではありません。そこがこのクルマの牙であり毒です。

編集　乗り心地とか使い勝手とか、一般公道を走るクルマとしての性能はどうですか。

福野　乗り心地は硬いです。先のタイヤの縦ばねのせいもあるしサスペンションも硬い。「コンフォートモード」という設定もスイッチで選べますが、機構上市街地走行でのピストンスピードでの減衰力は大きく変えられないので乗り心地も大差ありません。インテリアはスカイライン・クラスの平均的な出来ですが、大型液晶モニターに映る「マルチファンクションメーター」というソフトは、グラフィックだけでなく操作性もよく、本当に素晴らしい。この種のオマケとしては世界一の出来でしょう。個人的にはハンドル／ペダルの操作力はもっと重くてもいいと思いました。ちょっと軽くちょっと手応えが物足りない。剛性感も足りない。ここだけは「思い切り」不足です。その結果ゆっくり走らせているときのクルマの印象が「軽く」「薄く」なってしまった。ライバルのポルシェやフェラーリはこういうくだらない「演出」が実にうまく、それで本物感を2倍にしている。

編集 ずばりポルシェ／フェラーリと比べて実力的にどうですか。

福野 エンジン技術、4WD技術、トランスアクスル＋電制MT、限界操縦性の幅の広さ、インテリアの電制アメニティの面白さの5点で超えています。もちろん負けている点もあるし、それより何より乗用車として見ればそれと指摘できる欠点がこのクルマには山ほどあります。おそらく納車後はクレームの嵐でしょう。しかしこれまでの日本車に世界の水準に迫るスポーツカーのただの1台も存在し得なかった理由こそまさにそれです。乗り心地だのブレーキの粉汚れだの市街地での使い勝手だのあれこれ気にしてたんでは、世界第一級のスポーツカーは絶対できない。技術は物理を決して超えられないんだから。GT－Rがこういうクルマになったのは、ドグマを貫いたからです。切るものは切って捨てるという英断あってこそこういうクルマが作れたんですよ。そのモノ作りの気迫はポルシェ／フェラーリに一分たりとも負けてません。

編集　なんだかこう、ちょっと誇らしい気分になりました。男らしいです！

福野　日本のモノ作りに欠けているのは技術なんかじゃない。決断力です。主張です。エゴです。オレはオレだ文句あるかというドグマですよ。若者のクルマ離れとかいって、いま日本のクルマは若者に汲々とゴマをすりながらクルマを作ってる。いいカッコばかり作ることにかまけて「いい基本」「いいクルマ」を作る事に完全に背をむけている。若いときのことを思い出してください。若者に媚び売ってゴマする若作りオヤジくらい気色悪いもんはなかったじゃないですか。だからクルマが売れないんだ。当然ですよ。ＧＴ－Ｒは誰にも何にも媚びていない。目標一心にクルマを作った結果「オレはこうだ。不満ならついてくるな」という強烈なメッセージを全身から発散する機械になった。お世辞にもスタイリッシュでカッコいいクルマとはいえないし、私に言わせれば重いしデカいし無様そのもののカタチのクルマですが、このクルマを捕まえてそんなこと言う人は誰一人いない。商品に本当の魅力があるならカッコのことなんて誰も気にしないんですよ。カッコなんか気にせず媚びなんか売らず、己が正しいと信じたことを徹底的に貫く。若者が憧れるのはいつの世もそういう大人じゃないですか。

NISSAN GT-R

著者に訊く

ブランドの世紀

編集 ごぶさたしてます。

福野 こんにちは。今日はよろしくお願いします。

編集 こちらこそよろしくお願いします。さきほどGT－Rの原稿を読ませていただいたんですけど、ああいうのはいいですねえ。ついでに私もちょっと元気が出ました。「こいつは零戦だ」っていう決めゼリフがぐさっと刺さりましたよ。聞くところによれば、あのクルマは日産のたった一人のエンジニアがゴーン社長から全権を託され、少人数のエリート開発部隊を組織して作ったクルマだという話ですね。福野さんの原稿を読んで、ああそのやり方が見事に結実したんだなあと。

福野 たった一人のエンジニアが全権を託されるというやり方はどのメーカーのどのクルマでも同じですよ。一人のチーフエンジニア、つまり開発総責任者がまず取締役会で任命され、数名の助手（職制名：主管あるいは主担）と秘書からなる少人数のチームを作って、コンセプト、パッケージ、スタイリング、構造設計、機関設計、駆動系設計、懸架装置設計、試作、開発、実験、そしてもちろん生産技術に至るまでのクルマ作りのすべてのプロセスを陣頭指揮し、それぞれの担当の社内・社外（サプライヤー）の専門部署のスタッフと調整を取りながら作っていく、というのが現代のクルマ作りの一般的な方法です。文字通りネジ一本の仕様、吸音材ひとつの設定まで最終的な決定権はたった一人のエンジニア、すなわちチーフエンジニアにある。チーフエンジニアはそのクルマの「神様」です。だからこの世のどのクルマも良かれ悪しかれ「チーフエンジニアの思想がねじ一本にまで貫かれたチーフエンジニアのクルマ」なんです。

編集　ははあ。ちょっと誤解してました。GT－Rだけが特別じゃないんですね。

福野　GT－Rの場合、開発の総責任者、チーフエンジニアに選んだ人材が逸材だったとはいえるでしょうね。もちろん与えられた権限も、一般のチーフエンジニアに与えられるそれをさらに上回るような「社長勅命」といった性質の特例的なものだったと聞いていますが、しかし大きな権限を与えられて存分に暴れることができるというのは特別な人間だけですからね。通常は逆でしょう。こういう期間限定権力というのは、常に権限と責任がセットになってますからね。凡庸な人間がそういう権限をある日突然与えられたら、それとセットになってついてくる責任の重さに押しつぶされて、とてもとても存分になど暴れられない。己の思い通りのクルマを作るどころか、むしろ己を殺して責任を何とか全うすることに汲々とし始める。販売店のご意見、セールスのご指南、お客さまのお話に膝をそろえて耳を傾け、技術者のアドバイスによくしたがい、デザイナーに言いくるめられ、社内の圧力という圧力にことごとく屈して骨抜きの総責任者になってしまうのがオチですね。

編集　政治家ですね。期間限定で権限と責任がセットになってるから政治家になっちゃう。

福野　チーフエンジニアに任命されるのは、設計畑で叩き上げて来たエンジニアが多い。だいたい40代後半になってからですね。クルマ屋としては一世一代の大仕事ですよ。自動車メーカーで設計者やってきてチーフエンジニアに任命されるくらい設計者冥利につきる話はない。その大仕事に成功すれば、つまりこの場合は作ったクルマが売れればってことですが、そうなれば「次のクルマ」も大いにあり得る。次も成功すればさらに「次」、それも万一成功させたら一気に重役室の道も見えてくる。実際そうやって自動車メーカーの重役室に上り詰めたエンジニアもいます。じゃもし失敗したらどうか。責任取れとは誰もいいません。しかし優秀な人材はいっくらだっていますからね。50にならないうちに系列メーカーにとっとと出されるでしょう。

編集　うーむ。サラリーマンですねえ。政治家になって保身に走る気持ちはよーく分かりますが。

福野　GT－Rは通常の数名の開発チームだけでなく、社内の専門設計部署からも「これぞ」と思うスタッフを引っこ抜いてきてチームに加え、開発の発端から生産に至るまで同じチーム内に同居させるという、通常ではちょっとあり得ない開発方法を採ったと聞きました。ある意味じゃ大部隊ですよ専門職の設計者までチームに引き入れたんだから。加えて普通なら社内の各部署に「お願い」して「やっていただく」ことになっている開発関係の仕事などを、なんと外部に出したりもしたらしい。走行実験（いわゆるテストドライブ）や足回りの開発なんかは外部のレーシング畑のスタッフや会社に協力を求めたというウワサを聞いています。そういうのは言ってみれば自動車メーカーにとっては「法律違反」ですよ。そういう「超法規的」なクルマ作りができたのも、与えられた権限の大きさだけでなく、それを駆使するチーフエンジニアの根性が座ってたからでしょう。そういう性根の座ったチーフエンジニアに超法規的権限を与えたのはもちろんゴーン社長ですが、当人がそれに押し潰されていたらああいうクルマは絶対出来なかった。きっとトヨタのスポーツカーみたいになってましたよ。

編集　（笑）トヨタはダメですか。

福野　日産が海兵隊ならトヨタは空軍ですからねえ（笑）。真面目に言うと、トップの超法規的決断が全社を一丸となって突き動かすという意味においては、世界でもトヨタくらい思い切ったことが可能な自動車メーカーは他にないと思います。世界のモノ作りの考え方を根底から変えたジャストインタイム生産の発明からしてそもそうだし、プリウスだってハイブリッド戦略だってトップの鶴の一声で実現した。多数決／議会合議制ならあんな思い切ったことは絶対できなかったでしょう。トヨタに不可能なことはない。ただあそこのトップはスポーツカーのセンスがまるっきりない（笑）。金持ちの客の言うことをすべて真摯に聞いてクルマ作りに反映すれば「性能のいい高級車」はなんとかできるが、世界一級のスポーツカーは死んでも出来ない。スポーツカーは主張と思想とドグマがないと出来ないです。

編集 「若き熱いハート」というやつですか。

福野 全然違います。そればっかいうのがトヨタ。逆です。スポーツカーを作るドグマとは論理です。スポーツカーとは運動能力を高めるために生まれたクルマのジャンルでしょ。クルマの運動とは物理の所産であって、いくら技術が進歩しても物理の制約は決して超えられない。いいスポーツカーを作ろうとする精神とは、徹底的に論理的で、論理に絶対妥協しない傲慢性を抱くということです。乗り心地だの使い勝手だのスタイリングのムードだのコストだのお客様のご期待だのいちいち気にして引っかかってたんでは、到底まともに走るスポーツカーは作れない。出来上がるのはせいぜいオシャレなスポーティカー、スポーツカーもどきでしょう。

編集 GT－Rのチーフエンジニアの方は長い間レースをやってきた方だそうですね。勝つためには何でもやってやるんだというファイティングスピリット、勝つためにはただ熱くなっていたんじゃダメで論理的にならなければダメなんだというような教訓、そういうものがGT－Rを牽引《けんいん》したのかもしれません。

福野　多分おっしゃる通りでしょう。GT－Rはレーシングの精神を持ってレーシングカーを作る方法論で作ったクルマだと思います。しかしクルマ作りの場合、レースと違って誰もがそれと納得できるような「結果」のあり方というのはようするに「販売台数」しかない。レースは優勝さえすれば道中に起こったさまざまな出来事はすべて水に流して許されるが、市販車の世界ではどういう観点からだってどうとでも結果を批判することができる。GT－Rのこの大評判を快く思っていない人間は日産の社内に必ずいる。GT－R開発チームの皆さんが大変なのはこれからです。どこで寝首をかかれるか油断もスキもあったもんじゃない。なんとしてでも社内闘争を勝ち抜いて欲しいもんです。

編集　福野さんは自動車メーカーのアセンブリラインだけではなく、クルマの各構成部品を製造しているサプライヤー（部品メーカー）の取材をずっと続けていて、「クルマはかくして作られる」「超クルマはかくして作られる」（いずれも二玄社刊）という2冊の本にもまとめられていますが、今回の単刊本のテーマはそういういわばミクロの視点からクルマ作りを眺めるのとはまったく正反対、言ってみれば巨視眼的視点からクルマ作りを眺望した論評だと思うんです。原稿の中では最新のヨーロッパ車を紹介しながら、そのスタイリングのテクニックをひとつひとつ細かく考察していってるわけですが、背景にあるのは明らかに現代のクルマにとっての「ブランド論」ともいうべきものですよね。福野さんのこれまでの評論とは一線を画した新基軸だと思うんですが。

福野　私の仕事というのは結局雑誌の連載原稿を毎月書くことで、掲載する雑誌のコンセプトや性格は連載の原稿にも当然色濃く反映されます。今回収録していただいたのは主にビジネス男性誌「ゲーテ」に連載していたものですから、原稿のテーマというか視点も「21世紀の世界的な産業ビジネスにおける自動車メーカーの商品戦術」といったようなところに定めて書いているわけですが、現代のクルマ作りのキーポイントというのも、つきつめれば「売れるクルマを作る戦術」にあると思うんです。「ブランドを作ったものが競争に勝つ」という論点に立ったのが今回の原稿ということですね。

編集　ビジネス論的視点にあえて立ってみたと。

福野　いや必ずしもそうじゃないんですね。いまご紹介いただいた「クルマはかくして作られる」という単行本の前書きに「おいしいものが食べたいから農家に行って野菜作りを学ぶような本」と書いたんですが、そういうたとえ方で言うなら「本当においしいものをお客さんに出したければ店から作らないとダメなのでは」と言ってるようなものですか。昨今話題のミシュランの星取りだって、あれは決して皿の上に載ってるものだけの評価じゃない。店も立地もサービスも雰囲気も「おいしさ」の重要なファクターとして非常に重視されてるわけですよね。おいしいものを追求していけば食材や調理はもちろん、店の作りや雰囲気も結局は云々するハメになる。もちろん大自然の中でバーベキューやりながら思い切り頬張るステーキが一番うまいとか、本当にうまければ店もサービスも関係ないとか、やっぱり愛妻の手作り料理がこの世で最高とか、そういう真実というか究極というのか、それはそれでもちろん世の中にはあるだろうと思うんですが、あくまでここはトーキョーここは街のド真ん中、週末にオシャレして食事に行くレストランをあれこれ迷っているときの話なわけですからね。「店がまえだって味のうち」と言われればもちろん当然確かにその通りですよ。つまり相手がビジネス産業として商品としてのクルマを作っている限り、そのクルマの良否を追求していけば、おのずとビジネスそのもののあり方も関係してくるということです。

編集　なるほど。

福野　例えばですね。例えばじゃあGT－Rですよ。レース畑で闘ってきた経験豊富、元気があってドグマのあるチーフエンジニアに全権を託して思う存分暴れさせたら、あれほど思い切りのいい魅力的なスポーツカーが一台出来たと。結果論としてはまあOKなんですが、本当に冷静にあのクルマを評価するとスポーツカーとしてはまったく矛盾だらけなんですね。だいたいあれって4座でしょ。4座にしてるからホイルベースがド長い。長いホイルベースのクルマの旋回性を上げようとするとトレッドも広くせざるを得ない。ホイルベースが長くてトレッドが広いクルマのボディを強靱に作ろうとすれば、当然おのずと重くなる。重いクルマを自在に加速させるにはとんでもなく大馬力のエンジンがいる。重いクルマを自在に曲げるためには高性能なタイヤとサスがいる。重いクルマをピタッと停止させるためには高性能なブレーキがいる。そういうデカくて重いクルマを素人に運転させてどんな道でも「安全」に走れるよう保証しようとすれば、これはもう4輪駆動にせざるを得ない。4駆にすればクルマはさらに重くなる。世界最新のエンジン技術を駆使したって1740kgのクルマを480馬力で走らせれば燃費は悪いです。矛盾だらけですよ。というのか「悪の連鎖」というのか。GT－R凄い凄い速い速いというけれど、もし小型で2座でミッドシップで車重1tのスポーツカーを作ったとしたら、同じ加速性能を280馬力のエンジンで出せるんですからね。それなら世界先端ハイテクなんか使わなくたって燃費はいいし、アホみたいに高価な高性能タイヤも高性能ブレーキも必要ない。クルマが軽ければ慣性が小さいんだから、放っといても運動性は高くなる。そんなことは自明の理です。

編集　でも2座席というだけで客層は限られてきますよねえ。それに小型でミッドシップだとしたら車内も狭苦しくなっちゃうし騒音も大きくなって……。

福野　だから日産にはできないんですよ。トヨタにもできない。ベンツだってBMWだってそんなマニア向けのスポーツカーなんて作らせてもらえない。そういうクルマを作って売って商売にできるのは世界でフェラーリとポルシェだけです。なぜなら彼らこそスポーツカーの頂上ブランドだから。ブランドの面白さというのはそこです。頂上ブランドというのは如何なるものを作って如何なる値段をつけて売っても100％許される。驚くなかれこの世の誰もがブランド商品を見るとき、その商品の内容そのもの、値段の価値などはまったく吟味していない。ブランド商品はそれがブランド商品そのものであることで100％価値と意味があると見なされている。だってそうでしょう。シャネルやヴィトンやドルチェ＆ガッバーナの新製品や今季新作を思い出してみてください。「新製品」「今季新作」というだけでだまって買う人が世界に何万人もいるじゃないですか。「いまカッコいいのはワイドラペルに極太タイだ」と主張していたハズが、2年もしないうちに「いまカッコいいのはナローラペルに極細タイです」と、しゃあしゃあと言う。人間の審美意識がそんなに短時間にコロコロ変わるわけがないんだが、ともかく彼らが作ると何であろうとそれが今季カッコいいということになってしまう。万が一にもそういうカッコいい商品が「世界限定100個」だったりした暁には世界中のセレブだか何だかが先を争って取り合うでしょう。誰も値段なんか見ていない。値段どころか商品そのもののことすら見てない。それが「ブランドの力」です。クルマだって同じですよ。

編集　もしお客さんに何の商品的吟味も受けないんだったら、逆に言うと福野さんの言うような理想のスポーツカーだって理想のセダンだって作れるというわけですよね。だからポルシェやフェラーリなら作れると。

福野　ポルシェはまさにそれでしょう。RV作って大成功させ、次は4座のセダンに進出しようとしてる。頂上ブランドになればなんでも可能でしょう。世界一のメーカーでもできないことがブランドにはできる。ブランドにならない限り絶対に作れないクルマというものはあると思います。先ほども言いましたように責任感じながら減点法で作っていくんじゃ本当にいいクルマは出来ないからです。お客さんの意見や販売店の希望やクレームや修理代を考えてれば、クルマの出発点からとことん妥協して始めざるを得なくなる。そういうスタートじゃ例えばどう頑張ったって車重1tのスポーツカーは永遠に作れませんね。

編集　はい。

福野　ひるがえって考えてみると、スポーツカーとしては矛盾だらけのGT-Rが許される理由、認められる理由も、それがブランドだからじゃないんでしょうか。「GT-R」

というのは日本のクルマの中ではおそらく唯一、西欧の頂上ブランドに近いブランド力を国内で持っているクルマでしょう。しかも「GT－R」というブランドは名前だけのものじゃなくて、非常に明快なクルマのイメージと成り立ちを伴って構築されています。GT－Rといえばスカイラインがベース、大きい箱型のセダンベースの4座席車を高性能にチューンアップしたクルマのことです。GT－Rというクルマには最初から「セダンの改造版の高性能車である」という暗黙の約束がある。そこがGT－Rブランドの本質ですね。だからGT－Rならあれはあれででいいんですよ。GT－Rがぺったんこのボディの2座席スポーツカーじゃお客さんは絶対に納得しない。GT－Rがミッドシップカーでもお客さんは絶対納得しない。4座の箱でポルシェをカモれるクルマであること、これこそGT－Rブランドをブランドにした「伝説」であり、GT－Rブランドを構成する重要な要素なわけですから、言ってみればいびつなスポーツカーであることそれそのものがGT－Rの神話の一条件なんですよ。そういうクルマだから、今の日産でも何とか作ることができたともいえます。ベースはV36スカイラインでいいわけだし、プラットフォーム（＝生産ライン）も共用でいい。重く大きくなってもそれでポルシェをカモれるならGT－Rとして合格です。これは誰でも知ってる話だから「GT－Rを作る」というなら社内のどのセクションも社外のサプライヤーも、どういうクルマを作ればいいのか説明せずともすぐ分かる。GT－Rというなら700万円のクルマでも販売店は何とか売り方を考えてくれる。GT－Rだから作れるし、作れると踏んで売れると踏んだからゴーンだってGOサインを出したんでしょう。あとは頭の中をGT－R一色に染め、邪魔する奴をなぎ倒しながら遮二無二クルマを作れる男を一人探してくればいい。これもブランドの力。傑作車の一台くらい自動的に作ってしまう。

編集　うーん。

福野　この本にも登場しますけど、ブランドの力が自動的に傑作車を作った典型的な例がロールスロイス・ファンタムとミニですね。あの2車はともにBMWがブランドの商標の権利だけを取得し、工場も人員も設計も何もかも一から組織して、ほんの5～6年間で作ったクルマです。70年間ロールスロイス車を開発して作ってきたイングランドのクルー工場の施設と人員はそっくりVWに買い取られて現在はベントレーを作ってます。50年間ミニを作ってきたローバー社は解体されてこの世から消失してしまってます。クルー工場もローバーも現在のロールスとミニの開発には全然関与していないし、現在のロールスとミニは昔のロールスやミニとはまったく何の関係もないクルマといっていいでしょう。BMWがその手に持っていたのは「ロールスロイス」と「ミニ」というブランドネームの権利だけです。クルマとしてはまったく一から作ったんですよ。というかファンタムもミニもその実態はＢＭＷの中身にブランドスタイリングのドンガラをおっかぶせて作ったようなクルマに近い。だけど乗るとまったくもって見事なくらいロールスロイス、見事なくらいミニになっている。一瞬でその魅力が納得できる。一瞬でその商品力に魅了される。

編集　ブランドのマジック。

福野　両車を作るにあたって関わった人材や会社が、ことごとくすべて「ロールスロイス作るぞ」「ミニを作るぞ」と、そう言われた瞬間に自分は一体何をしたらいいのか、どんなクルマを作ったらいいのか100％分かったからでしょう。意思はぴたっと統一され、狙い明確／キャラクター鮮明なコンセプトがズバっと提示される。そうなったらもう傑作車は出来たようなもん。設計技術も生産技術もすでにもうあるんだから、あとはただ真面目に作れば自動的にずばりロールス、ずばりミニの傑作最新型車が出来る。

編集　ＧＴ－Ｒの場合とまったく同じですね。

福野　プラダに転職した女性が経験を積みながら成長していく映画がありましたが、あれですね。ブランドは人間を染める。アルマーニで売ってる洋服は全部ジョルジョ・アルマーニがデザインしてると思います？　そんな訳ないでしょう。御大が自らデザインしてるのなんて年2回のコレクションの作品だけですよ。あとは社員デザイナーが作ってる。無名のドレスメーカーに就職していたら何の力も発揮できなかったかもしれないような人材でも、アルマーニでデザインすればちゃんとアルマーニの服が作れる。

編集　はい。

福野　エンツォ・フェラーリというのはエンジニアじゃない。デザイナーでもない。元レーサーだけど大した腕じゃない。あの人は言ってみればマネージャーですね。金を集めて人を集めてクルマを作らせ腕っこきのレーサーを雇ってレースに出る。実際にフェラーリのレーシングカーやロードカーを作ったのは、それぞれ専門職のエンジニアでありデザイナーであり開発者たちです。「幻のスーパーカー」（小社刊）でも書きましたが、そういう人々の中には後にフェラーリを飛び出して他社に就職したり、社内で造反したりした人が大勢いる。だけど公平に言ってフェラーリにいたときに作ったクルマに匹敵するクルマを社外に出て作ったという例はほとんどない。結局生涯最高の作品は本人が認めようと認めまいとフェラーリにいたときに作ったクルマです。

編集　ブランドというのは何なんでしょうね。

福野　通常の認識だとブランドというのは歴史と伝統によって作られるものということになるでしょうが、私は現代のブランドは「綿密に計画し作り上げていくもの」だと思っています。一例を挙げましょう。時計です。時計はかつてスイスのお家芸で、それこそ本当に長い歴史と伝統の上に構築された名門ブランドが林立していました。ご存じのようにその体制が一夜にして崩壊したのはクォーツ時計が登場したときです。いわば技術革命ですね。日本のメーカーが安くて正確なクォーツ腕時計を大量生産して市場を瞬く間に席巻し、スイスの時計産業は大打撃を受けて事実上瓦解してしまう。多くの名門がそのときに事業閉鎖や倒産に追い込まれています。ところがヨーロッパの人間っていうのは底力があるというのか懲りないというのか、決してへこたれないんですね。これはクルマにも言えることなんですが、断じて甘んじて屈服しない。80年代になってスイスの時計産業はムーブメント（時計の内部の機械）のメーカーを中心に再結束し、魅力的なデザインを盛り込んだ安価な時計を作って市場に再挑戦し、それが大成功する。

編集　スウォッチですね。

福野　スウォッチの世界的ブームでスイス時計は息を吹き返し、そうすると投資家がかつての名門ブランドの商標の権利を買い取って機械式時計の復活に打って出るわけです。大崩壊時代にいったん工場も工作機械も売却してしまっているし従業員もちりぢりばらばらになっているのですから、再興するといっても、かつてのブランドとは実質的にはまったく別の会社です。しかし「当社の創業者が初めて時計を作ったのは18××年、以来当社はスイスの名門ブランドとして云々」といった広告を大々的に徹底的に打って、まるでそのブランドが100年間もずっと作り続けられてきたかのように喧伝する。かつての全盛時代の腕時計のレプリカモデルなども次々に発売してブランドイメージを再構築する。今あるスイスの機械式高級腕時計のメーカーというのは、そのほとんどがそういう手法で再興して瞬く間に「名門ブランド」ということになった会社です。

編集 ロールスロイスやミニと似ていますねやり方が。

福野 ある意味クルマより数倍上手ですね時計の世界は。例えばこんな話がある。どこのブランドとは言わないけれど、とある有名ブランドですよ。過去の自社の時計の製造記録を綴った書類を埃を払って倉庫から引っ張り出してきて、生産数が極端に少ないモデルや珍しいモデル、当時とびきりの高額で販売したモデルなどを探す。これぞというモデルを見つけたら、愛好家やファン、エージェントなどを通じて世界中探し回ってその所有者を見つけ出す。所有者を発見したら尋ねていって現物を見せてもらう。間違いなく自社の製品でコンディションも良かったら、その人にこう懇願する。

編集「売ってくれ」と。

福野「いついつ、どこどこで行われるオークションにこの時計を出品して欲しい」です。

編集 ほ。

福野 スイスのアンティコルムなどの時計オークションは世界で最も権威があると言われています。専門の鑑定士をずらりを揃えていて、世界中から集まってくる出品物の真偽や程度を徹底的に調査し、その価値を算定して基準価格として公示するとともに、オークション参加者向けに発行する超豪華な次回オークション出品物カタログに掲載する。それが本当に稀少で素晴らしい時計なら、オークションカタログの目玉として大々的に宣伝されるしカタログの表紙にも出るでしょう。世界中の愛好家は実際問題それを見て初めてその時計の存在を知るわけですが。80年も前にどこぞの国の大富豪の要求でたった1個だけ作った複雑腕時計なんて、よほどの専門家でもない限りその存在自体誰も知らないのは当然ですよ。それがオークションに登場することによって一夜にして世界中に知れ渡る。

編集　なるほど。

福野　でいよいよオークションが始まる。期待は高まっているわけですから、世界中から入札が入って値はどんどん上がる。上がれば上がるほど注目を浴びる。オークション会場にはＴＶも入ったりしていやが上にも熱気に包まれる。腕時計一個で1億2億、2億3億ですからね。

編集　3億って……3億円ですか!?

福野　でいよいよクライマックス。最後の最後に最高価格で落札したのは、さあ誰でしょう。

編集　メーカーですか。

福野　その通り。その時計の所有者を見つけだしてオークションに出させた張本人のメーカーですよ。自社で落札する。わざわざ何億円も出してね。

編集　……あったまいいですねえ。オークション出ることで初めて世に知られ第三者の権威によって真贋が保証され、競り合えば競り合うほど有名になり、高値で落とせば落とすほどその時計の名声も上がる。それを自社で「買い戻した」ともなればどう考えたって「美談」以外の何ものでもないですもんねえ。

福野　もの凄い宣伝効果ですけど、考えてみればズルは何ひとつやってない。むしろ何倍も何十倍も高く買ってるんだから正真正銘の美談でしょう。もちろん翌日の新聞の自社広告ではその「偉業」を高らかに謳いますけどね。「192×年に当社が某富豪の特別注文で製作した幻の時計をアンティコルムのオークションで何億円で落札」って。

編集　でその時計はどうするんですか。

福野　もちろん自社の時計博物館の目玉展示ですよ。愛好家群がるね。なんたって3億円の腕時計ですから。でその騒ぎから何年かすると、ひっそりとその時計にどこか雰囲気の似た時計を新製品として売り出す。「当社博物館所蔵のン億円の価値ある、あの世界一高価で有名な腕時計のデザインにインスパイアされて製作した今季の新作」とかなんとか。1500万円の値札つけて売ったたって世界中の金持ちが涙流して喜び、取り合いの奪い合いで限定100個なんか3秒で完売。なんたって「世界一の時計のレプリカ」なんだから高いか安いかなんて誰一人考えない。

編集 ものすごいですねえ。ものすごいというしか言いようがない。

福野 日本の自動車メーカーが今戦争をしている相手、これからさらに激戦を繰り広げることになるのはそういう相手です。「これからの時代は技術の勝負デス」なんてボーイスカウトか海洋少年団みたいなことを言ってたんじゃ日本車の未来はクオーツ時計といっしょですよ。

編集 だんだん分かってきました。福野さんが「ブランド論」を自動車論のさらなるテーマに掲げなければならなかった理由。ようするに日本のクルマの未来を憂いての話なんですね。

福野 まあそこまで大袈裟なもんじゃないですが、これからの商品力戦争というのは「安くていいものを作ってればきっといつか認めてもらえる」なんていうものじゃないってことは確かですね。ヨーロッパは本気ですから。

編集 私もそうなんですが、一般的にはどうも今ひとつ現在の自動車世界が「世界戦争」の状況にあるんだという認識が薄いと思うんです。日本では軽と小型車以外クルマ自体がまったく売れてないし、一方でトヨタはついに世界一にのし上がったし、「競争だ」「戦争だ」という切迫した危機感はほとんどない。一体いつ頃からどのようにして福野さんのおっしゃる「世界自動車戦争」というのは始まったんでしょうか。

福野 勃発の発端は90年代初頭のヨーロッパ。体制の激変がきっかけです。EUが統合されて通貨が統一され、関税が撤廃されて西欧がひとつの巨大な市場になった。あろうことか、ほぼ時を同じくして東欧社会主義経済圏が崩壊する。つまり市場が数年のうちに3倍になって、安い労働力が突如出現したということです。ヨーロッパは数年で経済圏としては別物になっちゃったんです。

編集 はい。

福野 モータリゼーションというのは第2次世界大戦後に花開いて巨大マーケットを形成したんですが、実は80年代までのおよそ30年間は、自動車の巨大市場というのは世界でアメリカにしか存在しなかった。世界のクルマの半分近くはアメリカで売られていました。だからまあアメリカの自動車メーカーが世界のビッグ3だったわけですが。

編集 なるほど。

福野 日本はというと、敗戦から何とか立ち上がった数社の自動車メーカーの下に元々軍需産業などだった中小メーカーが集まり、政府の復興政策と財政支援に支えられ手厚く守られて育てられ、60年代までにいくつかの系列グループに成長したんですが、そのマーケットといえばようやくモータリゼーションが始まった国内数百万台の市場だけでした。そこに9社の自動車メーカー系列がひしめいて、保護政策の下で激烈な競争を繰り広げながら技術力をつけたわけです。頑丈に保護されたリングの中で格闘技の技を磨き合ったということですね。で、1973年に起こった石油ショックによる石油価格の高騰、とりわけアメリカでのガソリン価格の猛烈な値上がりを直接の契機として、小型で燃費が良く信頼性が高く価格／品質競争力をたっぷり身につけて育っていった日本車にアメリカ市場での大きなビジネスチャンスが訪れた。

編集　リングの中で鍛えられてきたからアメリカに持っていってもすぐ通用した。

福野　アメリカでは60年代の公民権運動、ヒッピー文化に象徴されるような自然回帰主義などのムーブメントが起こって、モータリゼーションの爆発による弊害が一気に社会問題化し、排気ガス規制法や衝突安全基準などの法規制が次々に成立しました。クルマに対する要求は非常に厳しくなっていたんですが、そこに石油ショックが振って湧いたんですね。まさしくクルマの技術にとっては発明以来最大の試練だったわけですが、日本国内での競争を闘ってきた日本車は、燃費だけではなく排気ガス規制法や衝突安全基準などに対する技術的対応でも世界をリードしました。「日本車の技術は世界一」と自他共に認めるようになったのはその頃です。

編集　日本車にその力をつけさせたのが国内での競争だったという考察が面白いです。

福野　だってアメリカでもヨーロッパでも自動車メーカーに競争なんてなかったんですよ。日本は戦後の連合軍の財閥解体令に端を発した独禁法が厳しく適用されていて、企業は保護されると同時に合併や資本提携などを厳しく監視されていた。競争するしかないようにルールが決められていたんですね。一方アメリカは独禁法なんてあって無きに等しい状況だったから、中小メーカーはどんどん大メーカーに吸収・統合されてビッグ3になり、競争といったってその3社間だけになっちゃった。例えばオートマティックトランスミッションの開発競争のときなんか「これ以上競争しても意味ないから互いの特許を公開して技術を統合しよう」なんてビッグ3がお互い協議して競争を決着しちゃってる。いまでいえばウィンドウズとマックがいきなり手打ちしてOSの規格を統一しちゃったようなもんです。

編集　そんなことがあったんですか。オートマ（AT）の開発競争で。

福野　まあだからこそATのメカっていうのは、しばらく前までの40年の間、世界のどこへ行ってもトルクコンバータ＋遊星ギヤという方式で統一されたんですけどね。開発途上ではビッグ3各社はいろんな方式をやってたんですよ。2速遊星ギヤ＋トルコンとか、4速コンスタントメッシュ＋フルードカップリンクとか。

編集　うーむ。

福野　じゃヨーロッパはどうだったかというと、これも競争はなかった。ヨーロッパ各国の経済政策は第二次世界大戦後保護貿易的になって、例えば自動車の場合も他国からの輸入車に高額の関税をかけるなどして事実上マーケットから締め出した。そこは日本と同じなんですが、逆に財閥や巨大メーカーの資本下に中小メーカーが吸収されて数社の巨大メーカーになり競争がなくなってしまったという点ではアメリカと同じです。イギリスのメーカーは60年代までにほぼすべてＢＬ（のちのローバー社）に統合されてしまったし、イタリアのメーカーも70年代末頃までにはバイクメーカーや電装品などのサプライヤーも含めて大半がフィアットに吸収統合されてしまった。各国とも一国のマーケットシェアを一社または数社の自動車メーカーが独占しているような状態ですから、競争なんてあるわけがない。フィアットのイタリア国内におけるシェアなんて一時期90％を超えてたんですからね。こうなったら何を作っていくらで売るのも自由自在ですよ。お客の声なんてまったく反映されない。ヨーロッパで多少競争らしきものが存在したのはドイツくらいでしょう。

編集　なるほど。

福野　加えてヨーロッパの伝統的な封建的社会構造もクルマ作りに影響していました。どの国でも少数の特権階級が富の大半を支配しているという体制的構造ですから、高級車やスポーツカーのような高価なクルマがどんどん作られ売れる反面、庶民は信頼性の乏しい小型車に乗らざるを得ない。その時代、西欧社会で労働者の平均賃金が一番安かったのはどこの国だか知っていますか？

編集 ポルトガルですか。

福野 イタリアです。第1位イタリア。じゃ第2位は。

編集 分かりません。

福野 イギリスです。

編集 意外ですねえ。

福野 だからこそイタリアにトッポリーノ（フィアット５００）が生まれ、イギリスにミニが生まれたんです。イタリア、イギリス、どちらの国も労働者が低賃金であえいでいる一方、旧貴族階級や特権階級が国を支配し、ばかばかしいくらい高価なクルマを買って乗り回していた。フェラーリはどこの国のクルマか知ってますか。ロールスロイスはどこの国のクルマかご存じですよね。世界で一番安いクルマと一番高いクルマはどちらもイタリアとイギリスで作っていたんですよ。

編集 うーむ。しかしそういうことになるとヨーロッパ車の場合は必ずしも競争社会じゃなかったからダメだったということにはならないですね。むしろ競争社会じゃなかったたからこそ……。

福野　競争社会ではなく平等社会でもなかったからこそ傑作車が数多く作られた。その通りです。誰の言うことにも耳を傾けずに、金に飽かして高級車やスポーツカーががんがん作れるんですからね。何を作って出したってそれを喜んで買っていく大金持ちがいくらでもいる。そりゃ設計者の天国ですよ。フェラーリもロールスもマセラティもランボルギーニもベンツもBMWもジャガーもアルファロメオも、そうして次々に名車を作ったんです。

編集　GT－Rが名車になった理由とつながりますね。設計者がやりたいようにやって主張とドグマと独善を貫くと名車は生まれる。

福野　競争の弊害とはすなわち、その裏返しです。競争は技術を進歩させる他方、企画やコンセプトや設計から独創性を奪う。

編集　うーむ。

福野　こうやって考えていくとですね。国民一人に一台のクルマが普及する一方、市場をビッグ3が支配し競争が消失したアメリカで、外観ばかり派手な安物のクルマが粗製濫造された理由、技術は高いが八方美人で平凡で万人向けのキャラクターのクルマしか作れなかった日本、信頼性などの根本技術が欠けているにもかかわらず内容も外観もコンセプトも独創性あふれる見事な名車を次々と送り出したヨーロッパ、それぞれの理由がはっきりしてくるような気がするんです。90年代までの世界のクルマというのは、各々が置かれていたマーケットの環境の反映だった。

編集 面白いですねえ。そういう視点に立った考察というのは初めて聞きました。

福野 で、90年代のヨーロッパ革命ですよ。突如ヨーロッパに世界第2位の巨大自由市場が出現した。関税も保護政策も消え去って、次の日から誰がどこに商品を持っていって売ってもいいことになった。イギリス人がイタリアでクルマを売ってもいいし、ドイツ人がイギリスでクルマを売ってもいい。一国のマーケットを自国の巨大メーカーが支配するという構造が一瞬にして終わった。

編集 すなわち競争の勃発ですね。

福野 東欧の統合で社会の規範も揺れ動く。あちらは50年間社会主義の旗の下にあって、見かけ上ではあるけれど「平等社会」の理想を抱いて生きてきた世界でしょ。それがどっとEU資本主義圏に統合される。安い労働力が西側の手中に転がり込む。旧体制は少しずつ崩壊し、新しい特権階級が生まれてくる。体制の変革ですね。下克上ですよ。もう技術者が好き勝手に理想のクルマを作って好き勝手に売っていればいいという時代じゃない。信頼性も上げなきゃいけないし、安くて魅力的な大衆車も作らなきゃいけない。装備を豊富にしてデラックスな内装もおごらなきゃいけない。皆様お気づきになっていたかどうかは分かりませんが、ヨーロッパ車は90年代中盤から急速に変化しました。商品力がものすごく向上すると同時に設計としての理想主義を失っていったんです。端的な例がメルセデスベンツ。かつてのベンツはコストに糸目をつけず、設計者の理想とドグマを貫き、たった3種類のセダンを松竹梅と作り分けてマーケットに君臨してきた。それはもうボルト1本ヒンジ1個に至るまで機械構造設計のお手本のような出来ですよ。それがたった10年で日本車レベルの凡庸な機械をベンツのエンブレムで飾っただけの乗用車ラインアップになっちゃった。革命前と同じ台数売るのにベンツはかつての5倍の車種を作っているんですからね。5倍の車種を半分のモデルサイクルで次々に出している。5倍を半分、つまり一台当たりの開発に費やせるマンアワーは単純計算かつての10分の1になっている理屈です。そんな状況で名車なんかが作れるはずがない。こうして「ヨーロッパ名車の時代」はとっとと終わったのです。

編集 そういう認識はありませんでした。ベンツは今も名車なのかと……。

福野 商品力は間違いなく上がっていますよ。エアコンも効くし装備はいいし、消費者をくすぐる仕掛けもいっぱいある。スタイリングもいい。次々にニューモデルも出る。ある意味では以前よりずっと商品力的には「名車」になったともいえるでしょう。しかも「ブランド」ですから。

編集 そうか。そこに登場するわけだブランドの力が。

福野 最初は笑いながら見てたんですよ。次々に登場する大競争時代の安物ヨーロッパ車を。ベンツ、ＢＭＷ、プジョー、ＶＷ、ルノー、アルファロメオ……。環境と状況が同じなら日本人だろうとヨーロッパ人だろうと作るものは同じなんだなあと。マーケットを奪い合ってしのぎを削り合う世界で、日本車と同じ条件でクルマを作れば、誰が作ってもやっぱり日本車みたいなクルマになるんだなと。しかし5年が過ぎ7年が過ぎた頃からちょっと様子が違ってきた。ヨーロッパ人の強さ、あのしたたかさに驚くようなことがいろいろ出てきました。それで思うようになった。「いかん。こりゃヘタするとスウォッチのときの二の舞だ」。

編集 うーん。

福野 お客さん第一主義の安物機械競争に巻き込まれて、日本車と同工異曲の内容に成り下がったヨーロッパ車、このままだと魅力を失って商売としても自滅するという危機感は当然内部にもあったでしょう。彼らは何をしたのか。大競争時代のクルマにどういう魅力と商品力を盛り込もうとしたのか。その第一の策がスタイリングの大攻勢です。ヨーロッパ車は自動車史１００年の各段階でさまざまなスタイリング革命、それはパッケージの革命と対になってたんですが、それをやってきた。その一方でいったんスタイルが構築されるとそれを頑なに守るという保守的な面もあったんですね。バブル期の日本ではカネが余って勢いもあまって、日本車は車種の数を3倍に増やし、5ナンバー枠が実質上なくなったことにかこつけてクルマを巨大化し、さまざまなスタイリング上の冒険を試みました。あのとき間違いなく日本車は世界の自動車のスタイリングのトレンドをリードしていたと思うんですが、おかげで保守的でかつモデルライフサイクルの長いヨーロッパ車のスタイリングは急速に古びて見えるようになってしまった。それを一気に逆転し、思い切ってスタイリングの先端モードを投入し、ヨーロッパ車のイメージを生まれ変わらせようとした。そのムーヴメントはまずスタイリングをお家芸とするイタリア車に始まり、次にフランス車に伝染したんですが、21世紀になる頃には意外なことにいままでスタイリングに関しては最も保守的だったドイツのメーカー、ベンツやBMW、VWやアウディなどもいっせいにイタリア／フランス的なスタイリング競争に走った。モードっぽく（＝流行色が強い）エモーショナルで（＝感覚的・情緒的）イメージを重視したようなスタイリングです。機能性や堅実性、永続性、不変性などのそれまでのヨーロッパ車的なテーマがどんどんうち捨てられていく。たちまちヨーロッパ車は世界の自動車デザイナーのルネサンスになっていきます。しかも一端構築したスタイリングイメージを7～8年のサイクルで刷新する。がんがん生み出しどんどん捨てる。自動車スタイリングのモード化。まさしくスウォッチのあのときと同じ戦略でしょう。

編集　そういわれれば、そんなような気もします。

福野　あらゆるスタイリングの試みの中から、やがて「ブランドのスタイリング化」という手法が突出してくる。この本でも紹介していますが、ブランドのメインイメージであるようなカタチやモチーフをクルマ全体で表現するようなスタイリング手法です。ロールスロイスやベンツ、ＢＭＷ、アストンマーティン、アルファロメオなどフロントマスクに伝統的なモチーフを持っているクルマは、あたかもクルマ全体がそのモチーフの勢いに支配されているかのようなスタイリングを作り、ブランドをカタチ全体で主張する。アウディやＶＷ、ルノー、プジョーなどのようにそれほど強烈なブランドのモチーフを持っていなかったメーカーは、エンブレムそのものを大きくするなどして最新流行のスタイリングの前後に張りつけ、エンブレムが闊歩しているようなクルマを作る。個性的で流行的でブランドイメージを前面に押し出したスタイリングが次々と出現してくると、ブランドそのものの印象もどんどん変わってきます。ベンツ、ＢＭＷ、プジョーなどはその成功例でしょう。時計の例でいうと、スウォッチの大成功を受けて名門ブランドが次々と復活してくる段階です。こうなってくると逆にスタイリングで冒険をしなかったメーカーのブランドイメージというのはどんどん低下してくる。ジャガー、ボルボ、フィアット、サーブなどはその典型でしょうね。これらの浮き沈みは日本のマーケットだけの現象ではありません。世界的傾向です。

編集 今おっしゃったブランドのクルマを思い浮かべてみると確かにそうですね。一時期あれほど一世を風靡したジャガーやボルボは何だかいまやすっかり影が薄くなってしまったような気がします。

福野 もちろんクルマの技術だってそれなりに進歩してるし、エンジンやトランスミッションやサスペンションにも新技術がどんどん入ってきている。その技術競争はヨーロッパでも日本でもアメリカでもやってるわけですが、はっきり言えることは勝負は技術では決まっていないということです。衝突安全性や省エネや生産技術などというのはいわゆるクルマを現代の社会的要求に適合させるための社会適合技術であって、商品力の向上には結びつかない。ハイブリットは結びついてるじゃないかと思われるかもしれませんが、あれはいまの時点でまだ技術格差があるからです。技術格差がなくなったら商品力は再び拮抗します。装備競争、価格競争、性能競争、コンセプト競争は勝負が完全に飽和してきている。商品力を決めているのは要するにスタイリング、そしてスタイリングが示唆するブランドのイメージです。中身は同工異曲なのに人々がベンツを買うのは、それがもちろんベンツというブランドだからですが、いまのベンツはただベンツというブランドであるというだけでなく、スタイリング全体でベンツブランドの特徴を発散しています。しかも新しく流行の最先端的ですからね。人々はあらゆる点でベンツを買えば安心できる。

編集 安心ですか。

福野 「自分は一流ブランドのクルマに乗っているんだから間違いない」という安心、「自分は最新流行のクルマに乗っているんだから時代遅れにはなっていない」という安心。センスにも流行にも自信はないけど、お金はあるしオシャレにも見られたいという金持ちは、一流ブランドのブティックに毎季出かけていって上から下までコレクションラインで揃える。それと同じ心理ですよ。この世に一流ブランドの最新ファッションくらい安心なものはないんだ。いまどきのお金持ちくらい自分のセンスにビクついている人種はいないですからね。ヘタな買い物すれば「成金」呼ばわりされることは目に見えてる。毎年春秋2回ドルガバのブティック行って衣装を揃え、2年に1回ベンツ買い替えながらタワマンでも住んどきゃ世間一般「オシャレなお金持ち」でなんとか通る。

編集 わははははは。

福野 世界自動車戦争の勃発で一度はクルマ作りの方向を見失っていたヨーロッパのメーカーは、ここのところで目の覚めるような商品力のクルマを乱発してます。とても日本車はついていけない。彼らはセンスとブランドで勝負してきているんです。時計や宝石やハンドバッグやアパレルの手法をクルマに取り込んでいる。ベンツやロールスをルイ・ヴィトンやエルメスのように作って売ろうとしている。伝統と昔の名作をことあるごとに引っぱり出し、あたかもかつての名作のリメイク版を作るような時計の世界のコンセプト手法がクルマにも採り入れられています。企画、広告、スタイリング、それらすべてが商品力という方向で徹底されてきている。無敵ブランドが続々と生まれつつある。こうなってくるとマーケットリサーチもお客様のご評判も一切関係ない独壇場的ブランドが出てくるのも間近です。例えばフェラーリですね。あそこんちときた日には何を作っても右から左に売れて、常にバックオーダーが1年2年ある。新作の599GTBだって決してスタイリングやコンセプトの評判が高いというわけではないんだが、タマが少ないので結局取り合い奪い合いになっていて、マーケットでは発売当初からずっとプレミア価格がついています。フェラーリの社長はこともあろうか「市場の需要の半分くらいを供給するのが我が社にとって最も居心地がいい」なんてしゃあしゃあと言ってる。もの凄い発言ですよ。欲しい人に品物が行き渡らない方が居心地がいいなんて。

編集　そうすれば商品が枯渇して、逆にますますブランド信仰があおられると。

福野　聞くところによると現在のフェラーリの売り上げのうち、自動車販売が占めているのはたったの3割ちょっとらしい。あとの7割は何かというと、なんとマーチャンダイズですよ。グッズやバッグや洋服やミニカーやプラモデル、ゲームなどに意匠権を売ることによって得る利益です。

編集 7割ですか。それじゃもう自動車メーカーじゃないじゃないですか。

福野 ブランドホールディング会社ですね。ヨーロッパの各自動車メーカーは着実にその方向に向けて動いています。クルマ作りの経験だの技術だの、そんなものはほとんど彼らにとってはどっちだっていいんだ。しかるべき人材と設備を金出して買ってくればいいだけですからね。問題はブランド。現代のヨーロッパの自動車メーカーにとってはブランドこそすべて。先に掲げたロールスロイスとミニの例は、最強ブランドさえ手に入れれば「名車」なんて自動車メーカーでありさえすれば誰にでも5年で作れるという証明でしょう。

編集 「一体日本のクルマはこれからどうするんだ」という福野さんの懸念ももっともだという気がしてきます。

福野 「安くていいクルマ作ってりゃいつかきっと分かってもらえる」なんて言ってたら、25年後日本の自動車産業は中国に圧倒されてぐうの音も出なくなってるでしょう。これは戦争だという認識が必要ですよ。生き残りのね。お客さんにアンケートなんか取ってる場合じゃない（笑）。

編集　お話を伺っていると福野さんが思わずGT－Rを誉めた理由が分かってきます。確かに今の日本車に欠けているものは、何か強い意志ですよね。主張。エゴ。ブランドはそういうものによって作られていくんだから。例えばレクサスというのはまさしく新しい高級車ブランドの創造をねらってるんですが、福野さんの評価はからいですね。

福野　あんなもん全然ダメですよ。3年でつぶれた吉野家の高級牛丼みたいなもんでしょう。

編集　（笑）そんなもんがこの世にあったんですか。知らなかったなあ。

福野　赤坂の田町通りにあってね、店の作りもどんぶりも妙に高級で値段は3倍。食ってみると確かに使ってる食材もお味も多少高級なんだが、食い終わったあと妙に腹が立つんだな。「なんでこんなもの1000円も出して食わなきゃならないんだ」って。

編集　あはははは。

福野　日本の自動車メーカーの方々というのは本当に真面目な人ばかりでね。生まれてこの方遊んだことがないというのか、悪いことのひとつもやったことないというのか、ナイーヴでシャイな技術集団なんですよ。ブランドなんて言ってみれば一種のサギ商売ですからね。人をだましてカネをふんだくってるのに、ふんだくられた本人が泣いて喜べばそれがブランド商売ってなもんですよ。洋服の上代価格というのは通常原価の6～7倍と言われてるらしいですが、ブランド品だとさらにその倍だといいますね。原価の13倍15倍の上代で売ってるという。もちろんその金は立派なお店の壁や内装やカーペットやキレイな店員さん、店員さんの着てるスーツ、紙袋代と広告代とセレブへの衣装無料提供代で使われる。それによってブランドのイメージが作られ維持されているんだから、お客さんはブランドのファンであるだけでなく、出資者でもあるわけです。時計業界もおそらく大なり小なり似たようなものでしょう。それから比べたら原価率が60%を超えるクルマの世界なんて10倍良心的ですが。

編集 しかしヨーロッパの自動車世界は確実に「原価の十何倍の上代」などというブランド商売の方向に向かっていると。

福野 いくら何でも高額の機械商品の場合はそんな掛け率はあり得ないですが、ブランド商品の商品力の大半は「イリュージョン」なんだという点においてはクルマもその方向に向かっているといえるでしょうね。「いや高級車やスポーツカーは確かにそうかもしれないが、小型車／大衆車は値段と実力の勝負だ」という意見もありますが、私はそうは思わないですね。安くて実用的な商品だって結局はブランド力が商品力を左右する。小型車／実用車の世界にまだブランドが出現してないというだけの話です。時間の問題です。

編集 ユニクロに無印にＩＫＥＡですか。

福野　21世紀は「ブランドの世紀」です。ブランドを作ったものが市場を征する。ブランドの時代、技術はその裏書きにすぎません。そういう視点からすると日本の自動車メーカーはまったく時代を読んでいないと思うんです。

編集　具体的に日本のメーカーはどうやってブランドの時代に生き残っていったらいいのでしょうか。

福野　まあ言ってみればこの本のテーマはそれですね。ヨーロッパの最新車を素材に、いかにしてスタイリングのテクニックによってブランドのイメージというものを構築してアピールしようとしているのか、その実例を掲げています。多くの人が「ブランドがあるからブランドイメージを生かしたスタイリングもできる」と考えています。ロールスロイスにはパルテノングリルがあるからパルテノングリルを生かしたスタイリングでブランドをアピールできるんだ、BMWにもベンツにも「顔」があるからそれをスタイリングでアピールできるんだと。違うんですよ。「顔」のないプジョーだってルノーだってVWだってアウディだって、ヨーロッパのクルマはブランドイメージをアピールするスタイリングをがんがんやっています。顔がないなら顔を作る、いやいっそ顔なんかいらない、全身で個性を主張してそれをブランドイメージにしてやるというようなね。その実例にさまざまなテクニックと、ブランドイメージのアピールのためのバイタリティを見ることができます。

まさしくブランドは作られているんですよ。

編集　日本車もそれに続け、ということでしょうか。

福野　それもあるんですけど、スタイリングだけを頑張ればいいということではない。ブランドというものの認識の変革でしょうか。なんというのかな。例えばこの話を聞いてトヨタは首をかしげると思うんですよ。「だってトヨタだってブランドじゃん」って。確かにそうなんですよ日本じゃね。日本には日本的なブランド、いわゆる「老舗」ってやつですね、そういう日本独自のブランド文化があって、創業100年とかなんとか御用達とか本家とか、そういうブランド力を競い合ってきた。それはそれでもちろん素晴らしいんですが、世界のクルマの競争でそういう奥ゆかしくもお上品でローカルなニッポン老舗意識はまったく通用しないということです。まあ「日本的なクルマ」というのも存在し得るのかもしれないけど、そもそもが西欧的な文化ですからねクルマっていうのは。政治家が着てる日本の老舗のテーラーのスーツも、そりゃ生地や仕立てはそれなりに超素晴らしいんだろうけど、あのスーツを持って行ってパリやミラノのショーのランウェイで拍手喝采を浴びるとは思えない。内容／機能は素晴らしくてもスタイルがない。独自性も主張も新しさもない。それでは人の心は摑めない。これはヨーロッパ／アメリカ式の戦争だから、良心的でいいものというだけではブランドとしてその力が通用しない。ブランド商法は老舗商売とは違うんです。

編集　着物の戦争なら逆のことを言ってやれるんですけどね。「かかしみたいなそのださい訪問着なに～」って。

福野　残念ながらクルマは外装も内装もエンジンも、その存在自体があまりにも西欧的な機械なんでね。

編集　つい先日松下グループが社名を「パナソニック」に変更しましたよね。随分思い切ったことをしたもんだと思いましたが、例えばそういうことも日本車のブランド化に必要な戦略と関係あるでしょうか。

福野　くだらないことを言うやつだと思われるでしょうが、大いにあると思いますよ。松下は本当に凄いですね。さすが世界で闘ってきた会社だけある。トヨタにトヨタの名をすてて社名をレクサスにしろっていったって死んでもできないでしょう。これは名前の話だけじゃないいんです。なんといったらいいのか、多分ここまで読んでくださった読者の皆様もきっと勘違いなさってると思うんですよ。私の言う「ブランド戦術」っていうのはカッコつけることじゃないんです。名誉を重んじることでもない。そのまったく逆。名誉をすてて大恥をかいてでも製品を売ってカネを儲け競争に勝って生き残ることなんですね。トヨタも日産もホンダもその社名に老舗の名誉と誇りを抱いてる。だから道化になれない。

ブランドというのは己を道化にすることです。

編集 そうかなあ。そうなんですか? ブランドこそいいカッコしいの典型だと思うんですが。

福野 んーとじゃあ人様の話じゃ失礼だから自分の話を例にしますよ。じゃあ例えばですね。例えば自動車評論家が業界に乱立して大競争・大戦争になったとしましょう。実際には悲しいくらいまったく全然そんなことにはなってなくて、実は毎年平均年齢が1歳ずつ上がってるだけなんですが(笑)。ともかく大競争になったとしましょう。このままじゃ福野礼一郎食って行けないと。どうするのかと。じゃあいままで全部断ってた講演の仕事を全部受け、インターネットやCSや地上波TVの仕事もなんでもやり、それで大いに売名しようじゃないかと。それでどんどん仕事をもらうと。もしそれでも競争が苛烈で仕事がこなかったら、TVで売った名前と顔を生かしていっそ立候補だと。

編集 はははははは。

福野 言ってみればこれが名前と名誉を重んじた競争の仕方ですよ。最後までカッコつける。つけ通す。ようするに名誉を重んじた生き残り戦術というのは売名と同じ、ただのカッコつけですな。武士は食わねど高楊枝。名前の名誉に生きる。

編集 なるほど。

福野　じゃ「ブランド戦術」というのはどうやるのか。この例の場合ならそうですねえ。まず背が高くてハンサムなイケメンをどっかで一人探してくるかな。

編集　は。

福野　あるいはすごくかわいくて知的な雰囲気もある女性でもいい。なんでもいいんだ雑誌に出たときみんなが「おっ」と思う外観の人間なら。つぎにその人にいかにも文筆家っぽくて個性的でカッコいい名前をつける。

編集　は。

福野　新進気鋭の自動車評論家としてデビューさせ、デビュー披露パーティでも盛大にやってから挨拶回りして仕事を取る。しかしそうなるとやっぱイケメンより女の子の方がいいかなあ。

編集　……。

福野　原稿は私が書き、モデルさんにはモデル料払ってあとは私が取ると。

編集　だってそんなのインチキじゃないですかあ。福野さんが原稿書くんでしょう。

福野　インチキじゃないでしょう全然。私はその新進気鋭の評論家のゴーストライターってだけのことですよ。別にこの業界じゃ珍しい話じゃないでしょ。タレントの本なんてみんなゴーストが書いてるじゃないですか。

編集　まあ確かにそうですが。

福野　私の福野礼一郎としての自動車評論家生命はそれで終わり。だけど私が終わったわけじゃない。福野礼一郎なんていうカビの生えた古っくさい名前と古っくさいイメージが終わっただけですよ。ゴーストだろうが何だろうが、その方法なら私はゴーストライターとして原稿を書き続けられるし、自分の書きたいことも言いたいことも、人の名前と顔と存在を借りてがんがん書ける。すべてはもちろんイケメンの手柄として持って行かれるが、そんなことどうだっていいでしょう。カネはちゃんと貰えるんだし、仕事は多分ばんすか来るだろうし、大競争にも勝ち残ったんだから。イケメンの人気もそろそろ陰って来たら、とっととクビにして二代目探してくるだけの話。これが私の言ってるようするに「ブランド戦術」のやり方ですよ。名誉をすてて競争に勝つ。勝つためには手段を選ばない。まあいいカッコしいのトヨタには死んでもできないだろうなあ。ありゃ原稿書けなくなると代議士になる典型的タイプだ（笑）。

編集　なるほど。……なんか……微妙に分かったような気がします。

福野　ロールスロイスとミニでBMWがやってることって、まさにこれですよ。VWがベントレーとブガッティでやってることだって、フォードがレンジローバーとボルボでやってることだって同じですよ。ブランドを使って商売に勝ち残るというのは、名誉も名前もすてて、勝ち残るために必要なすべてに商品のイメージを染め変えることですよ。一種のサギといいましたが、どうあれ結局はちゃんとしたクルマを買ってもらって喜んでもらおうというんだから真の意味でのサギじゃない。方法論としてのだまし、テクニックということだけでね。前例でいえばちゃんと原稿は書くんですから。いまよりもっと面白くためになる原稿が書けて世に出るなら、出ないよりは多少なりとも世の中のお役に立てるかもしれないし、テメエの売名以外はなんの役にも立たない代議士なんかになるより100万倍マシでしょう（笑）。

編集　原稿を読み、お話を伺っていて感じたのは、何はどうあれ我々が「カッコいい」「素敵だ」「魅力的だ」と感じて惹《ひ》かれる商品には、ちゃんとそれなりの理由があるんだなということです。カッコいいカタチにはカッコいい理由がある。みんなが注目するブランドにはみんなが注目するように作られ演出された意図がある。クルマのような巨大なマスプロ製品の商品力の魅力には決して偶然なんてないんだなと。

福野　技術的に十分成熟した商品の商品力というのは一種のエンタテイメントだと思います。世界中のファンを魅了するアーティストは最高のステージをやるエンタテナーではあるかもしれないけど、必ずしも最高の歌唱力を持った人とは限らない。ましてやいくら歌がうまいっていったって、ただステージの真ん中に突っ立ってマイクの前で熱唱してたって誰一人熱狂なんかしないですよ。

編集　主張、エゴ、ドグマ、スタイリングの演出……ようするにエンタテナーがエンタテイメントとしてやってることと同じなんですね。ブランドというのはクルマのエンタテイメントなんだと。商品機械作りの厳しい世界の世界観から見ればそんなものは一種の「サギ」に見えるかもしれないけれど、これからの商品戦略・商品戦術はそういう演出なしには競争に勝ち残っていけないということでしょうか。

福野　オシャレでステキで最新流行でカッコよくしないとダメだと言ってるんではないですよ。そこは誤解しないでください。GT－Rの原稿にも書きましたが「オレはこうだ」という強烈なアピールがあるなら、別にドロくさくてダサくてオタクっぽくたって一向にブランド力としてはかまわない。そこに魅力があれば人は集まる。クルマに限らず成熟した技術の時代の商品力競争というのは、それが何であれ「魅力」の競争です。ブランドというのは言ってみればその魅力につけられたタイトルです。

編集　なるほど。うーん。しかしそうなってくると我々消費者はダマされ通しということになっちゃうわけですよねえ。どうも正直そのあたりが納得できないんですが。主張とエゴとドグマに満ちた商品が魅力的なのは分かりますし、それくらいの精神でクルマを作らないといいクルマは出来ないんだという福野さんの意見ももっともな一面があると思うんですが、結局ユーザーを絞ってしまうというのか、多くの人にとっては納得がいかない商品が世に蔓延することになりかねないんじゃないでしょうか。

福野　逆です。実際にはそうなっていません。ブランドが生んできたものとは熱狂的な支持者と世間の理解です。クルマは複雑で高価な機械ですし、良否を決める基準もクルマを使う環境も多種多様ですから、洋服やハンドバックや家電製品以上に、買う人誰をもすべて満足させることはできません。ましてや切るものは切ってすてたような主張とドグマのある個性的な商品を売られたとしたら、頭から湯気をたてて怒ってディーラーに怒鳴り込むような人は必ず何10人何１００人と出てくるでしょう。2座のスポーツカーにゴルフバックが詰めないと怒る人、雪道でスリップした４ＷＤ車に欠陥車だ欠陥商品だと文句を言う人、そうした人々はいまも昔も大勢おられます。ＧＴ－Ｒの原稿の中で「クレームの嵐だろう」と書いたのも、さきほど「大変なのはこれからだ」と言ったのもだからです。設計者に言わせると「とんちんかんな言いがかり」としか思えないようなものも含め、クルマを発売するとそうしたありとあらゆるクレームがつけられるのは、しかし言ってみればメーカー自身が、長い間万人向けのソツがない個性もない商品を作って売り続けてきた結果のひとつだとも言えるのです。「クルマとはどんなクルマであってもクルマとしてのそのすべてが完璧でなければならない」というような、ごく一般に現代のユーザーが抱いているこうした機械的にも物理的にも誤った認識というのは、自動車メーカーが己で50年かけて築いてしまった誤解、過当競争の商品力戦争が産み落とした一種の弊害だと思います。しかしGT－Rもきっとそうでしょうが、欠点はあってもそれを上回る魅力がある商品なら、無数の不満者と同時に必ず熱狂的な理解者も生みます。そういうケースが増えて来て当たり前のことのようになってくれば、どんなクルマであってもクルマはすべてが完璧でなければならないと考えているようなユーザーは自然に減って行くでしょう。エルメスのバーキン買ってきて「靴も洋服も入らない」とクレームをつける女性はいません。ロレックスのデイトナ買ってきて「1000分の1秒が計測できない」と怒鳴る人はいません。ピンキーやコメックスのブーツ買って「スノボに履いて行けない」とクレームつける女子大生もいない。そんなこと言ったら「言う方がおかしい」と思われる。クルマだって同じだと思います。

編集 そうですね。

福野 大切なことは「クレームと機械としての信頼性の欠如は別のことだ」ということです。クレームというのは万人を満足させることの不可避性を考えるなら、これは仕方がない。甘受しなければいまの日本車みたいな当たり障りのない商品ばかりになってしまう。しかし機械としての信頼性の欠如は、これは本来の目的からいってあってはならないことですね。クルマのように複雑な機械では、３万点の部品の一つの例えば生産工程のほんのささいなミス、応力が集中したり反復したりする部位の高周波焼き入れ時間が０・１秒長かっただけでも、使用しているうちにクラックが入ったり切損したりする可能性があります。だから「あってはならない」とはいえ、何１００万台ものクルマを生産していれば、機械の信頼性に関する欠陥が生じるのも確率的にはさけられない。これがモノ作りにおけるリスクです。それを自己申告するのがいわゆるリコールというやつですが、しかし万一自己申告を怠って放置したり事実を糊塗したとなれば話はまったく別の方向へ行く。「リコールかくし」は自動車製造業にとって「爆弾」です。ブランドのようなイメージ商売でこれをやってしまったら。もはや致命的でしょう。現代の社会では、実際には事故や事件、犯罪に至らないような場合であっても、企業としての不誠実な行為やスキャンダルやごまかし、虚偽などが発覚すれば、マスコミやインターネットを介してその情報が瞬く間に伝わり、一瞬にして企業としての社会的な信用とイメージを失墜しかねない。昨今もいろいろありましたね。いまはまさしくそういう時代、世の中の目に対しては一切ごまかしは効かない。ましてやイメージで商品を作り売るブランド商売ともなれば、企業／生産者／販売者として、あらゆる側面で己を徹底的に律していかない限り、いつか必ずどこかで尻尾を出してブランド戦略そのものが崩壊するでしょう。そういうことになってくると、企業／

生産者／販売者として己を厳しく律するということそれ自体も、ブランド戦略の一環、その一部ということになってくるでしょう。「ブランド戦術は一種のサギ」などと暴言を吐きましたが、イメージで商品を包んで売るような商売にはある種の「だまし」の側面がある一方で、企業としての姿勢や体質などが社会的な監視に常にさらされ、結果的に徹底的に自己管理し自己浄化していかざるを得なくなるという効能もある。ブランドになりたいなら心身ともに文字通り潔癖にならなくてはいけない。西欧の一流ブランドはクルマに限らずみんなそうです。それは結果的にブランドが高いカネ取って売っている商品に間違いはないという実効果にも繋がっているんですね。我々にとって、ブランドは高価ですが、ユーザーにとって必ずしもデメリットばかりではない。ブランドの安心感について先程皮肉を言いましたが、ブランド商品というのは実際にも安心なんですよ。

編集　なるほど。面白い考察です。

福野　レクサスはもちろんそこらへんはソツなくやってるでしょうが、先程から申し上げている通り、お上品におとなしくソツなくやってればロックスターになれるというものじゃない。少なくとも良かれ悪かれクルマを100年間支配してきた西欧的な商品力の価値観ではそれではダメです。

編集　世界のステージに立ったら堂々パフォーマンスして全身全霊賭けて勝負せいと。ギターをぶっ壊してスカートめくってセックスの歌くらい歌ってみせろと。しかし私生活ではドラッグもスキャンダルも無免許運転も一切御法度だと(笑)。

福野　日本の自動車メーカーは50年代から60年代にかけての高度成長時代、激しい国内シェア競争の中で技術力と経営力を培い、設計技術と生産技術をひたすら磨いた。それが70年代以降、日本のクルマを世界に通用する商品にした原動力だと思います。我々のお父さん達の世代の方々の血のにじむような努力の、それこそ世界の誇る成果ですよ。その中からついに世界一の自動車メーカーが誕生したいま、私は日本のクルマに次のステップに進んで欲しいのです。競争が技術を生んだ。技術がシェアを拡大し日本のクルマメーカーを世界の大企業にのしあげた。だけどそれはもはや美しい昔話に過ぎない。過ぎたことにしがみついてたって何にもならない。これからの競争は技術だけじゃ勝てないんですよ。商品イメージも商品戦略もエンタテイメントもだましも暗示も催眠術もスタイリングも、世界自動車大戦争を勝ち抜くために重要なテーマなのです。ヨーロッパのメーカーが強力に押し進めている「ブランド」という戦術は、それに対する具体的で明確な回答だと言ってもいいでしょう。もし日本の自動車メーカーが競争に勝ち残るための方法論として西欧的なブランド戦術/戦略にここでようやく覚醒し、それを実行するなら、クレームに戦々恐々としながら常に万人のことを考え、お客様のご意見を何より大事にしながら汲々と作って来たこれまでの日本車とはまったく違う、よりターゲットを絞り込んだ個性的で主張あふれるユニークな商品、たとえばGT－Rのようなクルマがどんどん生まれてくる土壌が培われれていくと思います。そしてもしも、それがなんであれ作るものすべてが注目され支持され熱狂的に受け入れられ尊敬されるような世界の頂上ブランド、そういう存在が日本から生まれいでれば、そのとき初めて自動車設計者の理想、機械としての理想を貫いて思う存分に作った、そういうクルマが有史以来初めて日本から出てくると思うんです。そうじゃない限り日本がマトモなクルマを作る日はこの先恐らくこないでしょう。いまのやり方、いままでのやり方でいままで通り競争に望むなら、日本クルマ商売はただの安売り競争になるでしょう。安売り競争で中国に勝てると思いますか？　だからこの本を書いたんです。

編集　ありがとうございました。いやー面白かったです。考えさせられました。

Rolls Royce Phantom

ロールスロイス・ファンタム

全長5834ミリ、全幅1990ミリ、全高1632ミリ。日本の道を走っているクルマの中で最大級のサイズだが、ロールスロイス（RR）ファンタムで東京の雑踏の中を走るのは実のところとても簡単だった。座席の位置が高く周囲がよく見える。ボディの四隅も確認しやすい。軽いハンドルは思いのほかよく切れるし、前後左右3つのカメラからの画像を室内ダッシュボード中央の液晶画面に映して死角にある障害物の有無を確認することもできる。しかしもっとも運転をたやすくしているのは、このクルマが出現することによって一変する交通環境である。すべてのクルマが緊急自動車が来たときのように道をあける。タクシーがどく。トラックが道を譲る。自転車までが急停止して進路を開けてくれる。このクルマの進行を妨害しようとするものなど街の中には誰一人としていないのだ。譲り止り、そしてクルマの中をのぞき込む。彼らの興味はすでにクルマそのものにはない。「一体誰がこんなクルマに乗っているか」それなのである。

車両本体のベース価格は4389万円だが、徹底的なビスポーク注文システムが導入されており、かけようと思えばさらにいくらでもかけることができる。それにしたって今さら驚きあきれるような値段でもない。ベンツが作るマイバッハも5000万円級、スポーツカーの世界ならフェラーリはもちろん今やベンツもポルシェも4000〜5000万円クラスのクルマを作って売っている。価格の高さだけが路上の帝王の座をこのクルマにもたらしたのではないことは明らかだ。

誤解を恐れずに言えば、RRファンタムはロールスロイスが作ったクルマではない。1904年に創業、戦前すでに「世界最上の自動車」の称号を手にし、航空機エンジン製造分野にも進出して成功し、戦後クルーの工場に本拠を移してベントレーとともに度重なるイギリス病に悩まされながらも70年代80年代を生き抜いて高級乗用車を作り続けてきたロールスロイスそのものが作ったのではなく、BMW社が資本を出して新たに設立した新生ロールスロイス社(ロールスロイス・モーター・カーズ社)が開発し生産し販売しているのである。90年代の世界自動車ブランド買収争奪戦のややこしいあれこれの顚末の結果として、旧ロールスロイス/ベントレーのクルー工場の設備と人員、すなわち伝統あるロールスロイスの主体そのものは、工作機械や膨大なストックパーツとともにそっくりフォルクスワーゲン社の傘下に渡り、ベントレー・ブランドのクルマを生産することになった。BMWが得たのは「ロールスロイス」というそのブランド名だけである。BMWはロールスロイスの権利だけを片手に新生ロールスロイスを立ち上げる決意を固め、イギリス・ウエストサセックス州グッドウッドに新工場を建設、開発チームから販売組織、宣伝・広報、サービスネットワークに至る自動車製造会社のシステムのすべてを一から構築した。多くのスタッフや熟練工が旧クルー工場から引き抜かれてはきたものの、会社としては名前以外まったくの新参である。新参の会社で伝統のブランド品作りに挑む。それは産業史上類例のない画期的な試みだったといえるかもしれない。しかもRRファンタムの開発が始まった時点では会社組織はまだ完成しておらず、工場も設計図の段階だった。集められた設計・開発チームは80名。指揮を取るチーフエンジニアは旧ロールスロイス社から移ってきたベテランだが、60名のスタッフはBMW側の人間である。彼らの手元にあったのはロールスロイスの名とBMWの技術力である。

彼らはまず「ロールスロイスのカタチの研究」からすべてを始めた。

ロールスロイスのイメージが体《てい》をなしたのは戦前1920年代である。クルマ全体の姿は当時の高級車としてはありふれたものだったが、パルテノン宮殿のカタチに想を得たフロントのラジエータグリルを考案し、クルマの前半部の姿に勢いと個性を得た。このスタイリング的手法をモデルチェンジや新型車投入の度にくり返し反復することによって、誰が見てもロールスロイスだと分かるような姿カタチに対する一種のイメージを作った。

そのころ見事なスポーツカーを作っていたベントレー社がロールスロイスに対抗する高級車開発に乗り出す。危険を察知したロールスロイス社は自動車史に残る画策をめぐらせてベントレー社を買収、その名だけを取って創業者を追放、組織を解体してライバルの実体を完全にこの世から抹殺した。

戦後も変わらぬクルマ作りを進めたが、伝統と職人芸に固執するあまり次第に技術的に遅れ始める。イギリスの労働争議も足を引っ張る。80年代さらに技術は衰退し、ベンツやBMWの高級車分野への参入で競争力を失う。皮肉にも販売を支えたのはベントレー・ブランドの好調だったが、それもつかの間。倒産と買収。

ロールスロイスブランドイメージのすべては、すなわち戦前に構築され決定されたといえるだろう。新生RRファンタムの開発にあたってBMWチームは、戦前のロールスロイス名車のデザイン的な基本骨格、断面形、そしてスタイリング上の特徴ともいうべき個性や特徴やニュアンスをリストアップして、そのすべてを新しいロールスロイスに反映させようとした。当然のことながらそれは現代のクルマの常識とは大きくかけ離れたものになる。

RRファンタムを真横から見ると、フロント部が極端に短く高く、キャビンが長く大きく、トランクが短い。

これは戦前の典型的ロールスロイスのプロポーションである。

前から眺めて車体を断面で考えると、横幅が全高に対して狭く、キャビン周りが正方形に近いカタチであることが分かる。下部にいくにしたがってボディサイドがすぼまっているのも際立った特徴である。末広がりではなく末すぼまり。この断面形も馬車時代の馬車のボディから受け継いだ戦前のロールスロイスの特徴だった。

スタイリングのディティールにも過去のロールスロイスの面影がある。

横から見ると車体の下部を隅取るラインが直線ではなく、ゆるい逆ぞりのカーブを描いている。今のクルマにはないカタチだ。

ボディサイド、フロントフェンダーからリアにむかってクラシックカーのフェンダーを思わせるキャラクターラインが入っている。

ルーフのカーブに対してサイドウインドウのカーブがきつく、結果薄いルーフが後半に行くに従って少しずつ厚くなっていくように見える。

後席横のピラーが非常に太く、ルーフから短いトランクにつながるラインは柔らかいS字のカーブを描く。

観音開きのドアを採用しドアノブを一直線に並べて配する。

フロント先端からボンネットにかけてをきつい放物カーブで結ぶ。

いずれも過去のいつかロールスロイスで使われたカタチである。RRファンタムを見るとどの角度から誰が見ても、いつかどこかで見たロールスロイス、あるいはその写真やその絵やそのイメージの何かと必ず交錯する。カタチの記憶の琴線に接触する。それが他の何でもないロールスロイスであることが分かるのである。

このスタイリングをものにした時点で新生ロールスロイスの成功の90%はほとんど約束

されたも同然だっただろう。

インテリアはデザインといい趣味といい工作・仕上げといいホスピタリティの工夫の数々といい、まったく文句の付けようがないくらい素晴らしい。

だが私がこのクルマとこのクルマを作った人々を本当に崇拝するようになったのは、ハンドルを握ってからだ。

私も実はこれで一応ロールスロイスのオーナーである。1988年製の大中古だがロールスロイスには違いないし、少なくともクルー工場製の「本物」である。どうせRRファンタムはカタチだけのブランドカー、走り出せば中身は現代のBMWそのものに違いあるまいと心の中で密かに思ってきた。

違った。

RRファンタムは運転してもまさしくロールスロイスだった。細いハンドルは軽くて鋭くてよく切れる。重い車体が手首のひねりでグラッとよろめく、その感じがまったく同じだ。慣れてくると指1本で1㎝までぴたっと寄せていける。踏むとびっくりするくらい猛然と加速し、路面の起伏に沿ってゆったりと上下に舟のように揺れる。床と内装材が妙に低周波で振動し、ショックが入るとフル積載のトラックみたいに何かがごさっと揺れる。まさしくロールスロイス。いいところはもちろん、あまりよくないところまでちゃんとロールスロイスだ。
ロールスロイスとは決して豪快な高速クルーザーであるベンツのようなクルマではない。静粛性の限界に挑んだセルシオのようなクルマでもない。大きく重くパワフルで快適だが、それは反面ミニのように繊細でデリケートでやさしいところがあり、ヨットのように優雅で古い家具のようにきしきしきしむ。それがロールスロイスであり、BMWが作ったRRファンタムも現代版のそういうクルマになっているのだ。ベンツに対抗するために太いタイヤを履き、ターボをつけて太いハンドルとガチガチのサスペンションで走らせた90年代の哀れなロールスロイス／ベントレー、それらが失っていたもののすべてがここに戻ってきた。

彼らはまさしく本物のロールスロイスを復活させたのだ。

おそらく旧ロールスロイス／ベントレーにはこんなクルマを作ることは出来なかっただろう。彼らはベンツやBMWに対抗できるクルマを作ることに必死で、カビくさい伝統などとは、心から決別したがっていたからである。おそらく旧ロールスロイス／ベントレー自ら作っていたら、新型ロールスロイスはターボ付きでサスペンションがガチガチでペッタンコのシルエットの、ベンツとBMWとレクサスを足して3で割ったクルマにパルテノンをくっつけた、そんなクルマになっていただろう。

ＢＭＷと新生ロールスロイスの努力には３０００％の敬意を表するが、しかし他人が研究し勉強し他人が作ってここまで本物が出来てしまうというのは、努力や技術の力だけではない。そこにそれだけの何かが存在したからであろう。

それをブランドの力という。比類のない真の本物のブランド力とはスタイリストにカタチを描かせ、エンジニアに設計図を引かせ、テストドライバーにダンパーとタイヤとラバーブッシュのセッティングを与え、新参の会社に伝統のすべてを教えるのだ。

Rolls Royce Phantom

081
ロールスロイス・ファンタム

Mini

ミニ

新型ミニになってからちょうど4年、ミニといえばそろそろこのクルマを連想するようになってきた。ロールス・ロイス・ファンタム同様、新型のミニに資本を投下して開発し生産しているのもドイツＢＭＷ社である。車検証にはちゃんと「ビー・エム・ダブリュー・ミニ」と記載されているが、しかしＢＭＷ自体はこれを「ＢＭＷミニ」とは呼んでいない。正式車名は日本でもイギリスでもドイツでもただの「ミニ」である。

何十年間もの間走り回っていたあの小さくてかわいかった昔のミニ。

あのミニはどこのメーカーが作っていたのだろう。

ローバー。

正解だ。ローバーとはレンジローバーのあのローバーである。

ローバー・ミニ。

だが40歳以上の世代の方ならこの名の響きにはいまひとつぴんとこないかもしれない。

ミニって確かＢＬとかＢＬＭＣとかっていうメーカーが作ってたんじゃなかったっけ。

その通り。ローバーは以前ブリティッシュ・レイランド（ＢＬ）という社名だったことがある。

「いやあれはね。あれは昔はオースチン・ミニクーパーっていって、元々はオースチンが作ってたんだよ。買収や何やでそれがあとからＢＬになっただけで」

50歳以上のいろいろ訳知り顔の方はきっとそう言うと思う。

「それを言うならモーリス・ミニクーパーでしょ」

「あれモーリスだっけ。オースチンじゃなかったか。アハハハ」

オースチンでもいいのだ。1958年、ミニがこの世に生まれたときはモーリスとオースチン、2つのブランドから同時に発売されたからである。ちなみに「ミニ・クーパー」とはご存知ミニの高性能版の名称だが、当時日本ではなぜかそっちが通り名になった。ミニのことを思わずミニクーパーと呼んでしまうのはその頃の世代の人である。

モーリス。オースチン。BL。ローバー。

自動車100年史において「最も偉大で重要なクルマ」とまで称されている名車の中の名車、ミニを作ったのは結局のところ誰なのか。どこのメーカーなのか。

強いていえばモーリス社である。

モーリス社を作ったのは自転車屋の店員だったウィリアム・モーリスという一人の男である。自分で自転車を作って売り、次にオートバイ、そして1913年にクルマ作りに乗り出した。アメリカ式の大量生産方式をイギリスにいち早く導入、安くて性能のいいクルマを作ってモーリスは大会社に急成長、スポーツカーメーカーのMG、乗用車メーカーのライレー、部品メーカーのSV社などを次々と合併吸収する。ウィリアム・モーリスは1934年にその功績を認められて英王室から爵位を送られナッフィールド卿となり、モーリス・グループはナッフィールド・グループと呼ばれるようになる。庶民の出身であるナッフィールド卿はイギリスの封建的社会制度を本心では強く嫌悪していたらしい。その証拠に第二次大戦が始まるまで、卿はヒトラーの国家社会主義思想に深く傾倒していたという。「国民一人に1台のクルマを」というヒトラーの国民車構想（のちのフォルクスワーゲン・ビートル）にも共感していた。戦争終結後さっそくナッフィールド卿はフォルクスワーゲンと発想も作り方も姿カタチもそっくりのクルマ、モーリス・マイナーを作る。モーリス・マイナーはねらい通りベストセラー車となり、ナッフィールド・グループの戦後復興を見事に後押しした。このイギリス版「国民車」モーリス・マイナーを設計したのが、のちにミニを作ったアレック・イシゴニスという男である。

ナッフィールド社は1952年に乗用車メーカー、オースチン社を合併吸収、社名をブリティッシュモーター・コーポレーションと改めた。略してBMCである。ウーズレー、ライレー、MG、オースチン……イギリスで生まれた多くの自動車メーカーがBMCに吸収統合されたことになった。

モーリス・マイナーのフルチェンジ車としてミニが誕生したのはこのころである。設計者イシゴニスはFF方式、つまりフロントにエンジンをのせて前輪を駆動して走るというまったく新しいメカニズムを考案し、そこに盛り込んだ。エンジンもトランスミッションも駆動機構も操舵機構も、クルマのメカというメカがすべて車体前方に集中して配置されるため、居住スペースもトランクスペースも広々使えるというのがその発想のポイントだ。ご存知の通りいまでは世界中のクルマの7割がこのFF方式である。ミニが「偉大」といわれるのは、かわいくて沢山売れてロングセラーカーだったからという理由だけではない。

1966年、BMCは名門ジャガーとデイムラーを吸収（のち分離）。

1967年、BMCはローバー社およびレイランドグループも合併してブリティッシュ・レイランド・モーター・カーズ（BLMC）と社名変更。

イギリスの不況が深刻化し始めたのもこの頃だ。BLMCの結成は危機を察知した同業者が身を寄せあって己を守ろうとした行動だった。ミニは売れ続けていたが、それに続くヒット作は出ない。

1982年、社名をオースチン・ローバー社と改称。

1989年、社名をローバー・カーズと改名。

EU統合を契機に世界の自動車産業再編成が始まり、1992年ローバー・カーズはBMW社によって買収される。BMW社はミニに関する権利一切および1901年にウィリアム・モーリスが最初に作った自動車工場、すなわちのちにミニをずっと生産していた旧モーリス・カウリイ工場の人員と設備のみを手元に残し、他をフォード社に売却した。フォード社は残りの中からレンジローバーのブランドとその開発・工場施設一式を取り、残査はイギリスの企業家グループの手の中に棄てた。金目のものを抜き取られた財布の底に残っていたのはモーリス、MG、オースチン、ライレー、ウーズレー、ヴァンデン・プラなどのかつてのイギリス名門のブランドネーム、そして出来は悪くないが国際競争力のないいくつかのローバー車だけだった。

２００５年、ローバー社倒産。

ミニ小史とはイギリス自動車産業の栄光と衰退と滅亡のストーリーだ。ミニを作った者には結局ブランドは宿らなかった。ブランドになったのはミニというクルマそのものだ。だからＢＭＷもこのクルマを「ミニ」としか呼ばないのである。

ＢＭＷが作ってもロールスロイスはロールスロイスだった。新生ロールスロイス・ファンタムは姿カタチだけでなく、乗っても運転してもロールスロイスだった。本当の本物のブランドとは作る者の心さえ変えてしまうパワーを持っていた。

ミニの場合はどうか。

ふた回りほども大きくなっているが、新しいミニの姿は確かにミニっぽい。

ドアを開けてシートに座るといまのクルマとは一味違っていて、やはりどこかミニっぽい。

昔のミニのスタイリング上のポイントは、2BOX型の車体、愛嬌のあるフロントマスクの表情とつつましいリアのスタイリング、低くて平らなルーフとそれを支える垂直に近いピラー、直立したガラスで作られたキャビンである。タイヤハウスの周りを囲む黒いふち取りは高性能版ミニ・クーパーのトレードマークだった。新しいミニはそれらの特徴を上手にとらえお絵描きのように現代的なプロポーションのクルマの上にそれを「描いて」いる。ルーフとガラス周りだけは描くだけではミニっぽくなれないから、ここはそっくり昔風に作った。現代のクルマの中でこんなにガラスが直立しているスタイリングはない。だから見た目だけでなく、ドアを開けて室内に入っても新型ミニはミニらしいのだ。フロントガラスが遠くて直立していて上下の幅が狭い。いまのクルマとはまったく違う雰囲気である。

ミニのインテリアは簡素で機能的、初期の時代はダッシュボード全体が棚のような形状になっていて中央にメーター類が配置されていた。新型ミニのダッシュボードも初期のころのミニをモチーフにしている。

なるほどこれはミニだ。誰もが納得できるのである。BMWが作ってようと、ボディが大きくなっていようともこれはミニに間違いない、そう思える。

ところがエンジンをかけて走り出すと、このクルマがもたらす自動車の感じはまったくミニとは別世界のものである。

ボディは頑強、ハンドルもペダルもずっしりと重く、乗り心地も固いが動きも俊敏。何もかもがまるでスポーツカーのようだ。手に触れるものすべてが良く出来たドイツ車の感じそのもの。スイッチ、ドアノブ、灰皿、シート、ドイツ車のようにがっちりしっかり作られている。ヘタをすると本家ＢＭＷの最新型より質実剛健感は上かもしれない。

昔のミニはもちろんこんなクルマではなかった。昔のミニはすべてが軽く弱くやさしく華奢でデリケート、あれに乗って運転するのは10歳の少女と手をつないで散歩するときのように繊細な気遣いを必要とした。軽いハンドルをそっと切ると1ミリ単位でクルマが寄っていく。乗り心地はスキップを踏むように荒っぽい。しかしかわいいといえばあのポンポコはねながら走る感覚ほどかわいらしいものもなかった。１９５８年の誕生以来、ほとんど改良といえるような改良を何も受けずに40年間ただ作り続けられたミニ。旧式このうえないのだが、どうにも乗って走って愛さずにはおられない機械。

実をいうと私もミニを買ったことがある。１９８８年、ミニ１０００というベーシックモデルを新車で買い、あれこれいじってそれはそれは楽しんで乗って走り回った。今でもあのミニのことは時々思い出す。その後どうなったのか、今ごろどこでどうしているのか。フェラーリ、ポルシェ、マセラティ、ロールスロイス……クルマざんまいの30年をやってきた愚か者にとってすら、ミニはちょっと特別の思い出のクルマである。

今度のミニ、いまのミニはそういう特別の存在になれるだろうか。

そういうことはないだろう。今のミニはミニという名のミニみたいな姿をした別のクルマ、最新鋭の上質なＢＭＷ製小型車そのものである。１５０馬力２００馬力などというとんでもないエンジンをのせた高性能仕様すら、びしっと走ってまったくあぶなげない。「ミニの姿をした小型スポーツカー」、たぶんＢＭＷもそういう思いで作っている。ミニの名と姿はそういうコンセプトのそういうクルマを売るための商売上の方便として使われただけのことだ。ロールスロイスの場合とはまったく正反対に、これを作った人間はミニという存在の何にもおぼれていないし傾注してもいない。

ＢＭＷの作ったミニはとてもいいクルマである。クルマの基本をしっかり押さえて作った良質の小型車、良質の小型スポーツカーだ。この点ではＶＷのお株を奪った。ゴルフよりポロよりルポよりミニの方がいろいろよく出来ている。乗るとだからとても嫌いにはなれない。こんなのミニじゃないと思いながら好きになってしまう。

これでよかったのだろう。ＢＭＷのクルマ作りのその巧みさにはともかく舌を巻く。それにこのミニがあるから昔のミニのことも思い出せるのだ。少なくともミニという名だけはここにこうして残った。

M TM 3981

Mini

Mercedes-Benz S-Class

メルセデスベンツSクラス

クルマの側面のカタチにひと目でそれと判別できるようなアイコンを与えたという点において、新しいメルセデスベンツSクラスは箱型に終始してきた高級サルーンのスタイリングに新境地を開いたといえるだろう。前後のタイヤを包み込むような大げさなフレア、上品とかエレガンスなどという形容からほど遠いそのスポーティカーのようなおどろおどろしい姿に違和感を憶える方もおられるかもしれないが、実はこの姿が今後のベンツのすべてのセダンの基本形である。次期Eクラス（ミディアム）、続く次期Cクラス（コンパクト）はこれをそのまま小型化したようなカタチになるはずだ。CLやSL、CLSやCLKなどの2ドア・スポーティ系も追従するかもしれない。

新型Sクラスのフロントのフェンダーフレアはヘッドライト部と連続一体の造形になっている。リアのフェンダーフレアは独立しているが、テールランプはフェンダーのフレアのカーブと呼応するように曲線を描いている。暴走族の改造車やレーシングカーのようにボディのホイルアーチ部だけをふくらませたスタイリングではない。フロントはサイドに連続しサイドはリアと一体化し、車体全体がサイドの大きなフレアとひとつに融合しながらカタチを作っている。

スポーツカーの世界ではこういうスタイリングも珍しくないが、セダンのジャンルでは類例がない。これを「箱形セダンからの脱却」と称してもいいだろう。新型Sクラスはそのフロントマスクではなく、そのリアビューでもなく、ボディサイドの強烈なキャラクターとそれに呼応する車体全体の一体感躍動感によって、ライバル他車との識別と格差を明確に主張するのである。先代のSクラスが真っ先に採用したフロントマスクのスタイリングが10年を費やしてベンツ全車のアイコンへと拡大していったように、羽の生えたようなこの姿カタチが次の10年のメルセデスベンツのアイデンティティになるだろう。

ところでクルマが「箱型」になったのはいつなのだろう。

クルマの起源は馬車である。馬車にはむき出しのタイヤがついていた。これに蒸気機関や内燃機関などのエンジンをのせて自動車が誕生した。走らせてみるとタイヤから猛烈な砂ほこりが舞い上がる。そこでタイヤの上部に自転車のような覆いをかぶせた。これがフェンダーの始まりだ。

車体が大型化し重量が増加し、それに合わせてタイヤが太くなると、タイヤを覆うフェンダーも大きく太くなる。大きく太くなったフェンダーとボディとの隙間をパネルで埋め、そこにライトなどをつけるようになった。このころからフェンダーを「ウイング」と称するようになる。

１９２０年代から30年代にかけての高級車は、立派なフロントのラジエータグリル、そこから後部に向って優雅なラインを描いて伸びていく前後のウイングの美しさを誇り、それを競った。

クルマの大量生産化の効率を押し進めたアメリカでは、ウイングをボディ本体にぴたりとくっつけ一体一枚のパネルで作る手法を生んだ。これが1930年代後半のクルマの姿である。しかし人々の感覚の中には依然としてフェンダーとはタイヤを覆うカバーのことであり、ボディとは別の存在であるという概念が住みついていた。たとえボディと一体であっても、ウイングは必ずボディから突出していなければならなかった。そうでなければそのころの常識と通念では「カッコ悪かった」のである。

すべての常識と通念が粉々に消し飛んだ第二次世界大戦の後、画期的なクルマのカタチが出現した。左右に張り出したウイングを切りすて、タイヤをボディの内側に完全に収め、ボディの側面を前から後ろまでまっ平らに造型するというスタイリングである。

「フラッシュサイド」と呼ぶ。1947年イタリアのカーデザイン工房ピニンファリナがスタイリングしたチシタリア・ベルリネッタをもってその嚆矢《こうり》とする。

フラッシュサイドの登場でクルマはウイングを失い、箱型になった。前方に垂直のフロントマスク。後方に垂直のテール。まっ平らのボディ側面。フラッシュサイドはクルマのカタチを前、後、横と明確に分別した。「フロントが立派」「リアが貧弱」「フロントとリアのバランスが云々」人々がそのようにクルマのカタチを論じるようになったのはそのときからである。
フラッシュサイドはシンプルでモダンで時代性に合っていたが、大量生産にも適していた。部品点数が減少し、ボディの組立工数も減り、重量が軽減し、全幅が狭くなって車体がコンパクトになった。フラッシュサイドは50年代の僅か10年間でクルマのスタイリングを席巻した。ウイング付きボディ車の最後の砦、フォルクスワーゲン・ビートルの生産中止（1978年）をもって世界のクルマの姿の99・9％をフラッシュサイドがしめるようになった。

箱型フラッシュサイド・ボディの時代、その姿に威厳と威容をもたらすのは垂直に切り立ったフロントマスクの造形であった。これをいち早く見抜いたのはメルセデスベンツである。フロントマスク中央に1930年代のラジエータグリルを模したグリルをたて、箱型ベンツの存在を主張した。世界中のクルマが己のアイデンティティの構築をもくろんでこれに追従する。各社はさまざまなフロントグリルの造形とその個性を競った。70年代、フロントグリルのカタチこそ高級車のステイタスの中心であった。

リアビューに個性をもたらしたのもまたメルセデスベンツである。車体のサイズに対してふつりあいなくらい大きなテールレンズをつけ、これを煌々《こうこう》と光らせて後ろ姿に新しい個性を作った。このアイディアには安全性というキーワードがあった。無類のその説得力が世界のクルマの後ろ姿をかえる。テールレンズは巨大化し、リア全体を横一文字に覆うというのが新しい常識になった。

大きな四角いヘッドライト。

ボディサイドに一本はわせた樹脂製のプロテクター。

バンパーとサイドプロテクターを一体化しボディ一周下半分を取りまくようにした全周バンパー造形。

どれも70年代から80年代にかけてベンツが考案し採用し、ベンツの姿の特徴として刻まれ、そこから世界中のクルマに拡大発展したカタチである。この30年、すべての高級をめざすサルーンはベンツをめざし、ベンツはそこから逃げて逃げてここへやってきた。

フラッシュサイドをすて、いわばウイングの時代に回帰したニューSクラス。残されたパラダイスがもはやそこしかないというのは、クルマのスタイリングの発展史を眺望すれば自明の理だ。

もちろんウイング時代へ回帰したのはサイドビューに個性を与えるスタイリング上のテクニックだけであり、構造的には従来のクルマと変わりない。戦前のクルマのウイングのようにボディから突出しているように見える前後のフェンダーフレアも、実車を目の当たりにして観察すると、実はボディから10数ミリしか突出していないことが分かる。プレス加工のほんの少しの盛り上りに過ぎないフレアがこれだけの個性とボリューム感を与えるのは、もっぱらＣＡＤのたまものである。

モニター上で設計したスタイリングに、ハイライトやシャドウを映し込みながら曲率をかえて効果をさぐる。シェーディングを使うと、ごくわずかの突出であっても豊かに光と陰を反映させる微妙なカーブを見つけることができる。設計数値を金型作りに投入すれば、モニターで作った姿そのものを１００分の１㎜たがわぬ３次曲面で鋼板プレス加工製品に再現できる。

コンピュータ支援デザイン／コンピュータ支援製造がフラッシュサイドに１９２０年代の優雅なウイングを描くことを可能にしたのである。それを実行したのが今回もまたメルセデスベンツだったということだ。なにしろ世界中の自動車スタイリストの机の上のコンピュータには同じＣＡＤソフトが入っているのだから、またしてもベンツは彼ら全員の鼻を明かしたといえる。

ライバルの自動車メーカーがクルマのボディサイドで主張するアイコンの魅力と威力に気付き、あわてて次のクルマのスタイリングにその技法を取り入れるまでの数年間、再びメルセデスベンツは街や高速道路やパーキングロットで圧倒的な個性と存在感を誇示することだろう。旧態依然とした箱形フラッシュサイドボディの高級車はこれから先、個性に乏しい格下の高級車と見られるようになるだろう。そういうクルマを新型Sクラスの後に発表しなければいけない自動車メーカーのスタイリストはさぞかし赤っ恥をかくことだろう。サルマネとの永遠の闘い。

新型Sクラスの姿を作った原動力はそれだ。

新型ベンツSクラス、乗ってみるとどんなクルマか。

ミルクのようにソフトな本革の手触り。しっとりとしたドライブフィール。しかし本質は強靭である。ボディは強いし駆動系剛性は高いし足回りはがっちり2tの車体を支えている。ソフトな当たりの感触は連続無段階的に強靭な本質へと結ばれている。10年前のベンツのようにいきなり重くいきなり硬い、そういうところは微塵もない。すべてのタッチは羽のようにやわらかいが、昔のアメリカ車のようにそのままどこまでもやわらかくふやけた感触のまま底にぶち当たるということもない。力を加え、スピードをのせ、クルマを追い込んでいくと強靭な本質が現われてくる。そこから先は重い。硬い。強い。底は深く深くどこまでも遠い。

これはおそらく万物のあるべき極意だ。最初から硬いのは素人のコケおどしである。本質がやわいのはニセモノである。最初やさしく、徐々に強く、最後は強靭無比の絶対不動、達人や巨人のふるまいとは常にそういうものである。クルマもおそらく同じである。そういうところを今度のベンツSクラスはさらに一層押し進めてきた。

しかし今度のセルシオ＝レクサスLSもおそらくほとんど同じような極意をめざして作られてくるだろう。クルマにブラインドテストなどというものがあるとしたら、100人中90人は新型Sクラスと現行セルシオとの違いに気がつかないだろうし、80人はBMW7シリーズとの差が分からないだろう。現代最新の最高級車の実力はそれくらい伯仲している。静粛性、乗り心地、なめらかさ、ドライバビリティ。作る側にとって偉大な技術的飛躍がもしあったとしても、乗る側にとっては必ずしもそうではない。その差はもはやごく僅かなのである。

そういう時代だからこそ、このスタイリングの重要性なのである。

誰にも似てない。一目で分かる。

スタイリングが百花繚乱するこういう時代、そういう存在であろうとすることはとてつもなく難しい。それを成し得たのは決して感覚や感情や勘や雰囲気を嗅ぎ分ける能力やユーザーリサーチではない。自動車のスタイリングの発展史の勉強、研究、そこからくるであろう必然的な反省と回帰である。ベンツの姿を生んできたのは常に理性的なアプローチである。メルセデスベンツがクルマの王者だとするなら、それは常にその知性に対して与えられてきた称号である。

Mercedes-Benz S-Class

S-Guard

Aston Martin V8 Vantage

アストンマーティンV8ヴァンテージ

クルマ好きの間でいま話題騒然のスポーツカーをご紹介する。

アストンマーティンV8ヴァンテージ。

ブランド名が「アストンマーティン」、車名が「V8ヴァンテージ」だ。

ヴァンテージVantageとは年代物の骨董品という意味ではなく（あれはビンテージ）、怪我をしたときに巻く包帯のことでもなく（あれはバンデージ）、すごい女の人が着てるエナメルの洋服のことでもない（あれはボンデージ）。ヴァンテージは「優越した状態」のことで、普通は頭に強調詞のadをつけてAdvantageという。ヴァンテージはアドバンテージのそのヴァンテージだ。

話題騒然の理由その1はスタイリングである。

スポーツカーらしい獰猛な迫力。

完璧なバランス。

全身ブランド。

どれか一つを備えたスポーツカーはいろいろあるが、三つともそろったスタイリングとなるとそうはない。

迫力の源は車体設計上の基本的なプロポーションの比である。

全幅1866ミリに対し全長4382ミリ。幅に対して長さが短い。全幅：全長比は2・

35。長さは幅の2・35倍しかなく、レンガのプロポーションに近い。これ以上ちょっとでも長くなると間延びして見えるギリギリの線、一塊の充実感が保たれる限界の比率といえるかもしれない。現代の多くのスポーツカーはもっと細長い。2座席専用車体だからドアより後方のボディを切りつめて短くできたということもあるし、コンパクトなV8エンジンを前輪と車室の中間のスペース、ちょうどフロントフェンダーのエアアウトレットが開いているあたりに上手に搭載してフロントボディを短くするという工夫も効いている。しかしボディが短い最大の要因は、前輪より前方、後輪より後方に必要最小限の寸法しか与えなかったことだ。真横から見ると出来上がったクルマのノーズとテールをまるであとからズバっと裁ち落としたような造形である。この処理がプロポーションになまちょろではない緊迫感をもたらした。

クルマはタテ・ヨコ・タカサの3次元立体なのだから、プロポーションは高さにも左右される。70年代スーパーカーの全幅：全長比も2.2〜2.5くらいだったが、あのクルマたちは全高も低かった。有名なランボルギーニ・カウンタックは全長4140ミリの全幅1890ミリ（全長：全幅比2・19）に対して、全高僅か1070ミリ。全幅に対する全高の比はたったの0・57しかなかった。もちろんこれは居住性を犠牲にして勝ち取ったプロポーションだったのだが、現代のクルマでそんなことをやれば、すっかり贅沢になった客からクレームが殺到するだろう。現代のスーパーカーは全高を高くして室内高を稼いでいる。V8ヴァンテージの全高は1255ミリ、全幅に対する比でいうと0・67である。

しかし実物はそうは見えない。

クルマの印象はぺったんこ、これでヒトがちゃんと乗れるのかと思うくらい屋根が低い。サイドガラスの上下寸法など思わず笑ってしまうくらいだ。

理由は簡単。屋根が低いのではなく、ボディが厚いのである。横から眺めるとフロントからリアにかけてボディラインが傾斜している。フロントが低くリアが高く、ボディはくさび形だ。そのラインにそってサイドウインドウが開いている。普通のクルマならウインドウがあるはずの場所が、上下にぶ厚いボディによって覆われている。ボディが上下に分厚く、それでキャビンが薄く低く見えるのである。ドアの下部を見ると実はここに肉がたっぷりついていることが分かる。

このテクニックはタネを明かすと21世紀のスポーツカースタイリングの常道だ。屋根を低く見せるためにボディを厚くする。誰も彼もみんなやっている。

V8ヴァンテージのスタイリングのバランスの妙はここからだ。

フェンダーの横に例のエアアウトレットがあり、そこから横一線にキャラクターラインを引いているが、ラインから下のボディ側面が一段掘り込まれている。光はラインから上にしか当たらない。ショルダーラインが強調され、そこに視線が常に誘導されるから、視覚的にボディが実際より薄べったく見える。

フロントとリアにもそのテクニックを使う。視線を集めるヘッドライトとテールライトはボディのなるたけ上端、光の当たるショルダーラインの延長線上に置く。あまった分厚いフロントバンパーは、ヘッドライトの下側にまで回り込んだグリルの形状によって厚さを視覚的に相殺している。分厚いリアバンパーは下部を大きくそぎ落とす造形によって厚さを視覚的に相殺している。結果フロントもリアも決して分厚くなど見えない。

前から見ても後ろから見ても横から見ても、このボディに重々しいかったるさはない。感じるのは迫力だけだ。薄く低い屋根がそこにぴたりと張りついている様相は、脚線美のようにボディがくねる昔のスーパーカー的悩ましさとはまったく違う。たくましく力強く獰猛で凶暴で男らしい。その迫力は比のたくましさに始まり、比の弱点を補う視覚的バランス操作によって逆に増強されているのである。

V8ヴァンテージのスタイリング第三の要素はブランドの主張だ。

その前にアストンマーティンの略歴を一席。

1913年にアストンマーティンを創業したのはライオネル・マーティンとロバート・

バムフォードという二人の裕福なカーマニア青年である。当然ながら社名はバムフォード&マーティン社だったが、自分たちで組み立てたレーシングカーで出場して優勝したレースの開催地名であるアストン・クリントン・ヒルの名をもらい、車名の方はアストンマーティンという名にした。余計なお世話かもしれないが、賢明な判断だったと思う。バムフォードマーティンなんて、アラバマで作っている冷蔵庫の名前みたいだ。

ライオネルとロバートの会社は1925年にあっけなく倒産する。その商標権を買ったのがイタリア生まれの自動車技術者チェザーレ・ベルテッリで、彼の指導でアストンマーティンは一流の市販スポーツカーを作るカーメーカーに成長した。レースにも果敢に挑み、1932年ベルテッリから経営を引き継いだやはり技術畑出身のゴードン・サザーランドの時代に、ついにル・マン24時間レースで優勝を果たす。アストンマーティンの名はベントレーやロールスロイスと並ぶ名門に連座した。

第二次世界大戦後アストンマーティンはトラクターメーカーを経営するイギリス人事業家デビッド・ブラウンに買い取られる。ちなみにランボルギーニを創業したフェルッチオ・ランボルギーニもトラクター屋の社長だった。デビッド・ブラウン傘下のアストンマーティンは潤沢な資金力によってスポーツカー／レーシングカーの両分野で戦前を凌ぐ成果をあげた。車名にはアストンマーティン名に加え、デビット・ブラウンのイニシャルである「ＤＢ」が冠された。

ＤＢシリーズ第一作の「ＤＢ１」は、縦長のラジエターグリルの下端左右に機能的理由からたまたま横長のエアインテークを配しており、そのせいで独特の雰囲気と個性を持っていた。そこで第二作ＤＢ２では縦長のグリルと横長インテークを一体化した凸形のフロントインテークをデザインした。これがＤＢシリーズの外観上のシンボルとなり、ブランドイメージを増強する。映画「ゴールドフィンガー」でジェームス・ボンドが乗った凸形グリルのアストンマーティンはその第五作「ＤＢ５」だ。

映画公開の9年後、イギリス経済の構造不況はデビッド・ブラウンのトラクター会社にも影を落とし、ＤＢは会社を手放さざるを得なくなる。それを買い受けたのはアメリカとイギリスのアストンマーティン・ファンだった。同じ頃くしくもランボルギーニもまた本業のトラクター部門の不調でランボルギーニの経営権を譲り渡して経営から退いている。アストンマーティンは社名をアストンマーティン・ラゴンダ社と改め、ＤＢシリーズ最後のスポーツカーであるＤＢＳ・Ｖ８もイニシャルをはずし、アストンマーティンＶ８と改名した。その高性能板が70年代の初代「Ｖ８ヴァンテージ」である。

現在のアストンマーティンはフォード傘下にあり、ジャガー、ランドローバー、ボルボと4社で同社プレミア・オートモーティブ・グループ（ＰＡＧ）を名乗る。ＶＷ傘下に入ったベントレー、ランボルギーニとは火花を散らすライバル同士である［注：フォードグループは2007年にアストンマーティンを売却した］。

スタイリングを担当したヘンリー・フィスカーは、21世紀のV8ヴァンテージにDBシリーズ時代のモチーフを採り入れた。

ひとつは凸形のフロントグリル。

もうひとつがあのフロントフェンダーサイドのエアアウトレットだ。真ん中をめっきのラインで串刺しにしたエアアウトレットというのもDB4時代に始まったブランドモチーフなのだが、フィスカーはそれをボディのショルダーラインの構築にまんまと利用したことになる。

凸形のフロントグリルのカタチがフロントバンパーの厚みを視覚的に巧みに相殺していることはすでに述べたが、その凸形はただボディに洞穴のように開口しているのではない。ボンネット上面の形状は凸形グリルの延長であり、ノーズセクション全体が凸形グリルのカタチに呼応している。ノーズを裁ち切った断面がちょうどDBの凸形になっているような、そういう造形だ。三次元の立体と二次元のグラフィックが巧みに融合しているのである。

マジックはまだある。幅の広い分厚いボディ、その上に乗った低いルーフ、正面から見るとこの横断面形もまた凸形なのである。クサビ形のボディシルエットの後端、跳ね上がるようにしてリアへと回り込んでいるリアスポイラーは真後ろから見るとリアバンパーと共に凸形を作っている。V8ヴァンテージのボディはそれ自体が凸形断面のクサビ形なのだ。凸形断面のクサビ形を前後でズバズバッと切って、短く幅広いシルエットが出来ている。ボディの立体的造形のすべてが、いわばDB時代のアストンマーティンのブランドシンボルである「凸形」に捧げられているのである。

全身ブランド。

迫力とバランスとブランドアピール。どれかひとつを備えたスポーツカーなら珍しくないが、三つ揃ったスポーツカーはほとんどない。近年まれに見る傑作である。

ところでスタイリングはカーマニアがこのクルマに騒然とした理由の一番目に過ぎなかった。

二番目は?

もちろん値段である。

1455万4000円。

絶対的にはもちろん高いが、相対的には安い。フェラーリは一番安いモデルでも2079万、ランボルギーニなら2100万からである。V8ヴァンテージの内容なら

Aston Martin V8 Vantage

117
アストンマーティンV8ヴァンテージ

2500万2800万と言われてもおかしくない。

よく晴れた春の一日、お借りしたアストンマーティンV8ヴァンテージでひとっ走りしてきた。

足回りのセッティングは猛烈に固いのだが、総アルミニウム合金製のハイテク・ボディユニットもまた金庫のように頑強だから、不思議なことに不快感はまったくない。路面の凹凸を通ってもバシッビシッと瞬間的な短い衝撃を感じるだけ。それがかえって快感だった。

エンジンは静かでスムーズで紳士的、スーパーカーらしい野蛮性と迫力という点ではちょっと期待を裏切られる。しかしもう長いことアストンマーティンとは優雅な外見とは裏腹に、野蛮なところばかりが目立つ旧式で荒々しいクルマだった。今回の完成度はともかく無類である。

このクルマの商品力には致命的な欠点がひとつある。今のところマニュアルトランスミッション仕様しか用意されていないのである。AT車は買いたくても買えない。AT車しか運転できない人間は乗りたくても乗れない。あえて言うならそれがカーマニアを喜ばせている第三番目の理由だろう。

Porsche Cayman

ポルシェ・ケイマン

爬虫綱ワニ目アリゲータ科カイマン亜科。CaymanとCaiman、綴りは違うがポルシェの新型車「ケイマン」の名がこの中米産の小型のワニの名から取ったものであることは明らかだ。

それにしても爬虫類の名を付けたクルマとは珍しい。少なくともワニは、豹や鮫や競走馬や隼《はやぶさ》や猛牛や蠍《さそり》などとは違って、精悍で鋭く凶暴でたくましく機敏でカッコいいものの比喩として使われることは一般的にほとんどない。

ワニ。

そう言われてみれば確かにポルシェ・ケイマンのスタイリングはどこかワニを思わせる。前方に長くつき出してしゃくり上がったノーズ。

ぷっくり突き出た丸いルーフは、ワニの頭部のようにも、ひっくり返ったときに見せる黄色い腹のようにも見える。

ドアの後方の空気取入口はえら、かぎ爪、爬虫類のとさかなどを連想させる。ルーフからテールゲートにかけてもノーズと呼応するように反り返っている。ワニの背中からシッポにかけてのラインは間違いなくこんな風だ。

ワニの名の付いたワニみたいなカタチのクルマ。

むろんカタチや名前の好みや印象は人それぞれだから明言はできないが、「ワニみたいなクルマ」というのは一般通俗的な観点からすればカッコいい存在のカッコいい存在感とはとてもいえない。「ワニみたい〜」といえば普通、どっちかというと「カッコ悪い」という意味だろう。

スタイリングを描いたスタイリストも、そのスタイリングを見てワニを連想しワニの名を与えることを決めた人々も、恐らくこのクルマが一般通俗的にどう思われようがまったく頓着していなかったに違いない。「カッコいい」かどうかなど多分どうでも良かったのだ。

彼らが頓着しただろうことはふたつ。

このクルマが間違いなくポルシェに見え、そしてポルシェ以外のクルマには決して見えないこと。

にもかかわらず同時に兄弟車種である「911」と「ボクスター」とは明らかに異なるケイマン独自の個性を持っていなくてはならないこと。

ケイマンはポルシェの主力スポーツカーである911とボクスターの兄弟車である。ドアよりも前方部分、フロントサスペンションや前部トランクルームやインストルメントパネル、ハンドルやペダルの付くフロントフロア部分などの設計と製造のほとんどを911と共用している。その共用フロント部分の後部に2座の補助席をレイアウトし、後輪よりも後方にパワートレーン（エンジン+トランスミッション+ディファレンシャルシステム）を配置した「4座リアエンジン方式」が911のメカニカルパッケージである。一方ケイマンは前席のすぐうしろにパワートレーンを置き、その後方に後輪を配置する「ミッドシップ方式」である。座席は2座。ケイマンの2座ミッドシップレイアウトはオープンカーのボクスターと同じだ。カーマニアはケイマンのことを「屋根付きのボクスター」と読んでいるが、その通りである。三車は多くのパーツを共用するモジュラーコンセプトカーであり、ボンカリ作ればケイマンのプロポーションやスタイリングが911とボクスターとそっくりになるのはさけられない。

小型で丸っこく、車高が高くてずんぐりした姿。平たいボンネットの左右に突き出た丸いヘッドライトと、それに連なる丸い断面のフロントフェンダー。こんもりと盛り上がったルーフ、丸っこいテール、どこといってシャープなところのない曲面と曲面の連続で描かれたボディの三次元形状。

「ワニ」の先入観がもしなければ、ケイマンのカタチはポルシェそのものだ。911やボクスターそっくり。我々がケイマンを識別できるとすれば、それが「ワニ」だからである。兄弟車であるという成り立ちの事情を糊塗するためのワニキャラだったという見方は、しかし事実ではない。メカニズムを共用する兄弟車であってもスタイリングのイメージをがらりと変えることは出来る。そんなことは簡単である。このクルマはちゃんと意図して兄弟とそっくりに見えるようにスタイリングされている。それでいて微妙にキャラを変え区別するための「ワニ」なのである。ワニ革だってケリーはケリー、バーキンはバーキンだ。そういうことだろう。彼らは明らかに矛盾した難しいふたつの目標を達成したのだ。

かつてポルシェ911は「カエル」と呼ばれていた。

日本だけではない。アメリカの雑誌にもイギリスの雑誌にもそういう形容があった。ポルシェもまた半分やけくそ気味に、あざやかな黄緑色のボディカラーを911に設定したりもした。

911の前身は「356」というクルマで、これまたもっと極端に丸っこい饅頭形だった。「空力学的」だったのかもしれないし「機能的」だったのかもしれないが、911も356もとても「カッコいい」と呼べるようなスタイリングではなかった。

つまりポルシェが「カッコよくない」のは今に始まった話ではない。ポルシェ嫌いの人々にとってはまさしくそれこそがポルシェ嫌いの理由のひとつだったのだが、ポルシェのファンは常にそれにこう反駁してきた。

「カッコなんか関係ない。ポルシェは中身のクルマだ」

もちろんそんなのはウソだ。ポルシェ・マニアのタテマエに過ぎない。

1970年、ポルシェはフォルクスワーゲン社と共同で一台のスポーツカーを作った。「914」という。

914のコンセプトはケイマンと驚くほど似ている。主力車種の4座リアエンジン方式の911からフロントサスペンションやステアリング周りを借り、座席の背後にパワートレーンを置いた。ケイマンと同じ2座ミッドシップである。屋根はプラスチック製で脱着式だった。プラスチックルーフを外しても屋根の後部の構造は残る。「タルガルーフ」という。オープンカーとクローズドルーフ車の中間をねらった。914はフォルクスワーゲンとポルシェそれぞれが販売を分担した。フォルクスワーゲンが売るクルマはフォルクスワーゲンのエンジンを搭載し、やや廉価で売った。ポルシェが売る仕様は911と同じエンジンを搭載し、911よりは安いがフォルクスワーゲン版よりは遥かに高い価格で売った。914によってポルシェは911の廉価・入門版を、フォルクスワーゲンは自社のトップ・オブ・スポーツを得られるという、両車にとって夢の企画だった。

しかし914は商業的には無惨な失敗作に終わった。

「フォルクスワーゲンとしては高すぎた」と言った人もいる。「ポルシェにしては安っぽすぎた」と分析する人もいる。しかし914の不人気の理由は今となってみれば明らかだ。カッコである。

９１４のスタイリングは直線を基調とした機能的なものだった。ふくよかな曲線のスタイリングというのは、外板の強度を高める一方で表面積を拡大させ重量を増加させる。軽く作りたいなら直線的なスタイリングにして表面積を減らしたほうがよい。９１４を見た日本人は直ちに「弁当箱」という愛称を与えた。そのスタイリングのテイストは９１１やフォルクスワーゲン・ビートルのふくよかに太ったまん丸の姿や９１１のカエルのイメージとは対極にあった。９１４が売れなかった理由はまさしくそれである。今もオールドカー市場での９１４の人気は低い。

ポルシェが９１４の失敗に学んだのは「カッコなんか関係ない。ポルシェは中身のクルマ」だというファンの主張はウソだったということである。ポルシェファンはポルシェのようなカッコのポルシェ以外はポルシェとは認めないのだ。

１９７４年、ポルシェは再びフォルクスワーゲンと共同でスポーツカーを開発する。９１４の失敗に懲りたフォルクスワーゲン社はエンジンだけを供給した。ポルシェはフォルクスワーゲンのエンジンを使って、フロントエンジン・リアドライブ（ＦＲ）という新しいメカニカルレイアウトを採用し、小型でしかも4座の魅力的なスポーツクーペを作った。

「９２４」である。

924はそれなりに売れたが、期待したほどではなかった。「エンジンがポルシェ製ではない」というのがファンがそっぽを向いた大きな理由だと考えたポルシェは、自社開発のエンジンに切り替えた。この仕様を「944」という。

944の売れ行きも期待ほどではなかった。

1977年、ポルシェは911に変わる次世代主力車種を発表する。社運を賭けた超大作「928」である。924や944同様フロントにエンジンを載せたFRレイアウト、姿カタチもエンジニアリングも世界のスポーツカーの未来を先取りしたようなクルマだった。

928は商業的にみじめな失敗に終わり、ポルシェの経営を窮地に立たせた。

924/944と928を作りながら、ポルシェは昔ながらの911も引き続き作って売らざるを得なくなった。皮肉なことに旧式の911にターボチャージャーをくりつけ外観をレーシングカー風に仕立てて急遽でっちあげた「911ターボ」はファンの大喝采をあび、名車として知られるようになった。

ポルシェが924/944と928の失敗から学んだのは、おそらく「ポルシェファンは大バカ野郎の集団だ」という認識だっただろう。ポルシェファンは古くさくてもカッコ悪くてもあのポルシェが欲しいのだ。カエルのようなカタチの、機械的な金切り音をけたてて走る、小さなあのクルマでないとダメなのだ。カタチの進化もメカの進化も認めない。信者が認めるのは「改良」だけである。そしてちっぽけな改良点を見つけ出してきては毎年毎年感極まったように同じことを言う。

「最高のポルシェとは最新のポルシェのことだ」

なるほど確かに大バカ野郎だ。

失敗と失望の経験がいまのポルシェを作った。

大きな目立つスタイリング変貌をしない。

大きな目立つメカニズム革命をしない。

改良の積み重ねで進化させ、ポルシェに見えないポルシェは絶対作らない。ポルシェらしくないメカは絶対に使わない。

失敗の経験をふまえ徹底的に慎重に作られた新世代911とその兄弟車のボクスターは世界的な大成功を収め、ポルシェの生産台数を倍増させた。ポルシェはまたしてもフォルクスワーゲンと共同開発を行なってSUVのジャンルに進出したが、「ポルシェに見えないポルシェは作らない」という経験則をスタイリングに適用した効果が現れ、ポルシェ初のSUV「カイエン」は大きなヒット作となった。

55年前、フォルクスワーゲン・ビートルのメカニズムを流用して作られた初代ポルシェ

Porsche Cayman

S GO 4040

は、カッコもメカもあまりにも独特なクルマだった。その出来の素晴らしさと独自性ゆえにポルシェは絶賛され神話となり、それに甘んじて10年20年30年と同工異曲のクルマを作り続けた結果、世界に狂信的なポルシェ信者を生んでしまった。ポルシェのイメージを己みずから狭く小さくまとめてしまった。

いまのポルシェにはエンジニアリングの自由もスタイリングの自由もない。ポルシェはポルシェ以外のクルマを作ることを許されていない。だが同時にポルシェは世界唯一の独立したスポーツカーメーカーである。株式の大半はいまだ創業者一族が所有する。ポルシェはフォルクスワーゲンの大株主でもある。その逆ではない。フォルクスワーゲンの株の20%はポルシェのものだ。ポルシェはついに不滅のスポーツカーメーカーになったのである。

ポルシェ論とはスタイリング論でもメカニズム論でもクルマ論でもない。ポルシェ論とはつまり社会学の一種である。「成功」とは常に信念の妥協に関する経験の集大成なのである。狂信的信仰はいつしか教義そのものを隷属する。これはどこにでもあるありふれた、いつものあの社会と宗教の話なのである。

Chrysler 300C

クライスラー·300C

「ＰＴクルーザー」に続くクライスラーの大ヒット作になった３００Ｃは、ファンファーレとともに日本に上陸して、こちらでもたちまち人気車となっている。

クライスラー・３００Ｃの人気は決して偶発的な現象ではなかった。開発の舞台裏には巧妙に考えられ計算された「ヒット作の条件」があった。

ヒットの条件その１はレトロモダン・スタイリングである。

レトロ＝レトロスペクティブとはご存知「懐古趣味」のことだ。

現代において「デザインテイスト」とはすなわち「モダニズム」のテイストのことである。１９２０年代に誕生して50年代の後半からは世界中のデザインを席巻するに至ったモダニズム。これに続く新しいデザインのテイスト（「ポスト・モダン」）を模索する動きは、80年代からデザイン界で活発化した。その中でバブル期の日本において初めて大々的に提案された主張が「レトロモダン」である。

日産が限定生産した「Ｂｅ－１」。

「古き良き時代のデザインテイストを現代風にアトラクティブにアレンジしたデザイン（正確にはスタイリング）を採用する」ことによって「懐かしさと新鮮さの入り混じった奇妙で強烈な印象を与える新しいカタチを創造する」というのが、そのココロであった。

レトロモダンはポストモダンの潮流の有力な候補として少しずつ確実に世界中に拡大

し、いまや自動車はもちろん、大衆ブランド商品やファッション、文化にまでその影響を波及させている。クルマでいえば「VWニュービートル」や「PTクルーザー」はレトロモダン・スタイリングそのものがヒットの直接要因となった事例である。いまやレトロモダン＝ポストモダンと称しても過言ではない状況だ。後世のデザイン史はおそらく、20世紀末に登場した懐古趣味的テイストが21世紀初頭モダニズムに変わってデザイン界で大流行した、と評するだろう。

レトロモダンの特色は、そのテーマの大元となる過去の具体的なスタイリングがどこかに存在する（単数でも複数でも）ことである。日産Ｂｅ－１の主題は他国他社の「ミニ」だったのだが、現代の多くのメーカー／ブランドはそれを自社の過去の名車や名品や大ヒット作の中から見いだすことがほとんどだ。20年代30年代50年代、ともかく過去のどこかにおいて名声を博した自社の逸品やヒット作のスタイリングモチーフを取り入れる。商品名でも広告戦術でもそれを大々的に主張する。「若い頃憧れだった」「昔よく見かけた」「あのころオレも若かった」……過去の記憶に直接訴求するその商品イメージのアピール効果は絶大である。レトロモダン・スタイリング展開によって、新商品は人々の心の中に素早くそのカタチと名前と商品力のポイントを浸透させることができるのである。加えて自社の歴史、名声、過去の栄光などをあらためて広く喧伝し、ブランド力を一層強化することができるというメリットもある。

クライスラーは広告のセリフの中でこう言う。

「1955年に作られ大ヒットとなったクライスラー・C－300は、その後毎年モデルチェンジをするごとにB、C、D、Eと車名のアルファベットを進め、1965年の300Lに至るまで11年間作り続けられて大きな人気を博した。これがクライスラーの有名な『シグネチャーシリーズ』であり、300Cはそれに対するオマージュなのだ」

聞くまで誰ひとり知らなかったような「有名な話」が、一台のレトロモダン作品の登場と同時にインターネットに乗って世界中を駆け巡る。これが一夜にして新型車を「歴史的に有名なクルマ」の仲間の一台にするのである。

落ち目の老朽ブランドがレトロデザイン商品開発に飛び付いた理由は、まさしくそれを意図したからだろう。

クライスラー・300Cの場合、レトロモダン・スタイリングは三つの段階を経て商品化された。

第一段階は1998年にデトロイトモーターショーに出品されたショーカーである。ショーのために特別にスタイリングし作られた一台限りのクルマだ。車名を「クロノス」という。未来のクルマのスタイリングだけを考え模索するクライスラー社内の特別デザインチームがこれをスタイリングした。チーフスタイリストは日本人である。イメージ母体になったのは、前出の「シグネチャーシリーズ」の、主に50年代の一連のクルマであった。のびやかな流線形。前後に突き出た丸いフェンダー。大きく口を開けたフロントグリルの中に四角い格子をはめ込んだ、いかにも50年代車らしい大仰なマスク。クロノスは年配客には青春の思い出を、若者には新鮮な驚きをそれぞれ与え、ショーカーとしては非常に好評だった。

第二段階は2001年、同じデトロイトショーに展示されたこれもショーカー「ダッジ・スーパー8ヘミ」である。こちらはディテールというよりプロポーションに特徴があった。ボディそのものは大きくごつくたくましい50年代の平凡な4ドアセダン調のプロポーションで、ボディ各部をシャープに裁ち落としたような造形だったが、ルーフ部分がそのボディにまるで張り付くように低く乗っかっているのが際立った特徴である。上下がまるで不釣り合いで不格好なその姿は、実は60年代のアメリカの不良少年たちの間で大流行した改造車をモチーフとしたレトロモダンだった。ホットロッダースなどと呼ばれる彼らは、40年代50年代の中古車、あるいは「親父のお古のポンコツ車」などを手に入れ、ルーフを支えているピラーの途中を切断して、頭上ぎりぎりまでルーフを低くして溶接し直し、これに派手なボディーカラーを塗ったくってストリートで暴走したのである。なぜ屋根を切って低くしたのか、それに何の意味があったのかは誰にもわからない。若者文化・若者流行とはいつだって意味不明なものである。

ホットロッダースのチョップドトップ（そう呼ぶ）をモチーフにしたダッジ・スーパー8ヘミは、またしても異様なまでの賛辞を一般客から浴びる。これでクライスラー・300Cのスタイリングテーマが決まったといってよい。

歯をむき出したようなフロントグリル。あちこちに使われたクロームめっき。50年代車を連想させる古くさいエンブレム。それらはクロノスから300Cのスタイリングに採り入れられた。

ごつくたくましいボディに低いルーフ、大きなホイールアーチに大きなタイヤ、ひと目見ると忘れられなくなるような300Cの奇妙で強烈なプロポーションの基本は、ダッジ・スーパー8ヘミをモチーフにしたものだ。

車名は「シグネチャーシリーズ」の初代から取った（正確には55年の初代型は「C－300」であり、56年が「300B」で57年が「300C」という車名だった）。

クライスラーが巧みだったのは、シグネチャーシリーズのオマージュを装いながら、実はそれらを直接のデザインモチーフにはしていないことだ。未来のクルマのスタイリングを考えるプロ集団にいったんレトロモダン・スタイリングの習作を作らせてカタチのイメージをエッセンスとして昇華させ、出来上がったクロノスとスーパー8へミをベースに生産車のスタイリングを再度構築させた。結果的にメッセージはさらに強くなった。

実を言うと50〜60年代のクライスラーの「シグネチャーシリーズ」とは、スタイリングに一本筋の通ったシリーズ一連の流れがあるわけでもなく、そのときどきのクルマのスタイリングの流行をフォローしただけの、いわばやっつけ仕事的なスタイリングのクルマの集団に過ぎなかった。どれかひとつとして選ぶに値するようなスタイリングの一台はなく、「名車」「大ヒット作」と言えるようなクルマの一台もない。それが一連のシリーズだったという認識すらないユーザーがほとんどなのだ。「シグネチャーシリーズ」の中からレトロモダンのモチーフを一台選んで最新のクライスラーを作れと言われたら、多くのスタイリストはきっと頭を抱え込んだことだろう。試作デザインを二段階も間に挟んで、レトロモダンのテーマを明確にするという手法がクライスラー300Cのスタイリングを成功に導いた大きな要素といえるだろう。

300Cのヒットの条件その2は「ベンツ」である。

300Cの中身、ボディの主構造やサスペンションなどはメルセデスベンツのEクラス（ミディアムクラス）からの転用だ。厳密に言うと現在販売されているEクラス（W211）ではなく、96年から2002年にかけて販売されていた旧Eクラス（W210）

である。

ただしボディサイズは大幅に拡大している。フロア中央を延長してホイールベースを長くし、全幅も広げた。この結果ボディサイズやホイールベースは、ベンツでいうとひとクラス上のSクラスと同じくらいに大型になっている。

先代Eクラスというのは、ベンツが「少量・高品質車」作りから「大量生産・低コスト主義」に全社的に方針を転じた後のその第一作であり、旧来ベンツ車の基準からいうと決して出来のいいクルマではなかった。そのシャシをさらに長く引き延ばしたのだから、300Cの実力のほどもおのずと想像がつこうというものだが、ともかく「中身がベンツ」という事実はアメリカ人にとっては絶大の訴求力がある。「アメリカ車はアシがダメ」というのは何も日本人に限った先入観ではなく、何よりアメリカ人がそう思い込んでいる。アメリカは情報社会だけに人々の先入観が強い国で、例えばいったん「ダメイメージ」が出来てしまうとイメージ回復するのは日本よりはるかに難しい。「ベンツのアシはいい」という、実はそれほど実態とは合致していないイメージは、アメリカにおける300Cの評判に大きな影響を与えたことだろう。成功の大きな要因である。

ベンツを流用することで、クライスラーは自社が長い間失っていたメカニズムを取り戻すこともできた。フロントエンジン・リア駆動方式、すなわち「FR」方式である。FR

方式は70年代後半までアメリカ車の典型的な基本メカニズムだったのだが、オイルショックに端を発した小型化競争の中でいつしか葬り去られ、現代に至るほとんどのアメリカ車はフロントエンジン・フロントドライブ方式（FF方式）へと変貌した。徹底ぶりは日本車より上で、クライスラーにはFR方式のクルマ（プラットフォーム）が一台も残っていなかった。「FRの復活」は多くのアメリカ人にとって「メカニズム上のレトロモダン」でもあった。

エンジンはベンツではない。れっきとしたクライスラー製V8、しかもあえてわざわざ「オーバーヘッドバルブ（OHV）方式」という古いメカニズムを復活させた。「V8OHV」と言えば、まさしく古き良きアメリカンカーのキーワードである。どんなに古くさかろうが旧式だろうが、これの悪口を言える人間はアメリカ人におそらくひとりもいまい。シャシにベンツ（＝FR）、エンジンにクライスラーV8OHV。300Cの企画は実にアメリカのカーマニアの心理を巧みについているのである。

大きな車体、ラグジュアリーなイメージ。

対して内装は意外なほどあっさりしている。

300Cは運転席に座ってみると案外マトモで平凡な普通の乗用車である。押すとぎしぎしきしむコンソール、中央にしか本革を使っていない「本革シート」。流行のウッドパ

Chrysler 300C

クライスラー・300C

ネルはドアのグリップ部にあしらわれているだけだ。インパネにもドアにも天井にも高級な製法は一切使っていない。これがヒットの条件その3を生んだポイントだ。すなわち300Cは比較的安いのである。同クラスの純アメリカ産セダンと十分対抗できる価格。それでいてこの外観このイメージこの内容なら、アメリカ人に売れないはずがない。アメリカの流行ならば、その意味の如何を問わず何でもそのまま吸収してしまう日本の若者に売れないハズがない。

モダニズムとはデザインの革命だった。だがレトロモダンは違う。それは商品企画の心理学的な戦術のこと、それに過ぎないのである。

Range Rover

レンジローバー

昨今街を徘徊している数多くのSUV車の中にあって、ひときわスタイリング凛然とまぶしいのがレンジローバーである。

四角い。

巨体である。

ボディは大方胸の高さくらいまであり、前後グリルもボディサイドも真っ平らで直立している。ぶ厚くごついこの四角いボディに対し、キャビンも負けずに前後左右のガラスが直立していて背が高く大きい。斜め前方から眺めるとなおさらキャビンの四角さと大きさは際立って見える。ボディとルーフを結ぶ柱（ピラー）をブラックアウトしているため、平らな屋根が横一直線に引いている天井のラインが一層強調されている。

真横から見てもこのクルマのシルエットは独特だ。フロントの車輪から前方部（フロントオーバーハング）が極端に短く、リアのそれ（リアオーバーハング）は逆にかなり長い。リアオーバーハング下端は後方に行くに従って上方へと切れ上がっている。長い長いキャビンはクルマの後方にどっしり乗っかっていて、ボディ全体の視覚的な重心はクルマの後方に集中している。

単にスタイリングのディテールに特徴があるというだけではない。クルマのカタチの根本として他に類例なく独特なのである。

艶やかな塗装、スムーズで平滑なボディパネルの仕上げ、ディテールの入念さは誰が見ても高級乗用車のそれである。

レンジローバーはひと目でただものではないクルマだ。そしてひとたび注目すればフロントグリルの真上の一番目立つところにアルファベットでRANGE ROVERと大書してある。「なるほどこれがあのレンジローバーか」レンジローバーのスタイリングには成功ブランドの条件がきっちりそろっている。

これらすべてのスタイリング上の特徴と個性は、そっくりそのまま先代のレンジローバーから受け継いだものである。先代レンジローバーはそれを初代レンジローバーから受け継いだ。

そうなると話は初代レンジローバーの誕生に遡らなくてはならない。

2005年4月にあえなく倒産したローバー社はレンジローバーの古巣である。1877年にイギリス・コベントリーに創設されたスターレイ&サットン社がその前身で、「ローバー」は最初その車名だった。ROVERとは「徘徊する者」の意味だが、アポロ計画の月面車が「ルナ・ローバー」、NASAの火星探査機が「マーズ・ローバー」と命名されたことからもお分かりの通り「ローバー」とはクルマそのものも暗示する言葉だ。

大衆車メーカーとして成功し、2度の世界大戦も生き残ったローバーが1947年に作ったのが4輪駆動のオフロードカー「ランドローバー」であった。アメリカ軍が第二次世界大戦に際して採用したジープの影響を受けて企画された車両で、当初から軍需を当て込んでいた（49年英陸軍正式車両に採用）。そもそもジープは4人がやっと乗れるくらいの小型輸送車として設計されたクルマだが、その機動力の高さを買われて大戦中は米英軍ともにウェポンキャリア（武装した攻撃用車両）として多用された。そのことを踏まえ、ランドローバーは20㎜迫撃砲と重機関銃を搭載できるように、ジープより2回りも大きく頑強に設計されていた。このことがランドローバーの実用車としての可能性の未来を開いた出発点だった。当初オープン車体だったボディにはすぐさま民需を読んだワゴンタイプのキャビンを持った仕様が追加された。

ローバー社は1967年にトラック／バスメーカーのレイランド社と合併、翌68年にはさらにオースチン、モーリス、ウーズレー、ジャガー、トライアンフと合併してブリティッシュレイランド（BL）という巨大メーカーの一翼に組み込まれる。独立ローバー時代から開発を進めてきたランドローバーの完全乗用車版「レンジローバー」が発売されるのは、BL結成後2年たった1970年のことである。

近年伝えられるようになった「開発秘話」によれば、「オフロードも走れる乗用車」というレンジローバーのアイディアは1950年代から存在し、幾度となく企画されては立ち消えになっていたらしい。それを強力に推進して実現にまでこぎつけたのが「レンジローバーの父」といわれるチャールズ・スペンサー・キングという設計者（いかにもオックスブリッジ風にスペン・キングというニックネームで呼ばれている）で、乗用車ベースだったプロトタイプから出発し、新型サスペンションを設計、GMマキュリー・マリーン部門から生産権をゆずってもらった3.5リッター・V8船舶用エンジンを導入、センターデフを設計してフルタイム4WD化を達成するなどという経緯をへてレンジローバーを完成したという。

本稿のテーマであるスタイリングに関しても「デザイナーの手を借りず、スペン・キング自らスケッチを描いた」とされている。しかし初代レンジローバーはシャシの基本構造や内外寸の基本寸法と空間レイアウト（＝パッケージ）などをランドローバーと共用しており、前述のような独特のプロポーションも、もともとはランドローバーの軍用車両としての要求から生まれて、レンジローバーへといやおうなく引き継がれたものである。レンジローバーはその機械的な成り立ちからして「大改良を施したランドローバー」以外の何者でもないし、いくら1960年代とはいえ「一人でデザインした」などということはクルマ作りの工程の実際上あり得ない。

英雄武勇伝（あるいは偉人秘話）とはおそらく万人の好むところであり、いわゆるブランド神話の中核を成す伝説の基本パターンだから、ありのままに鵜呑みにすることはできない。ことスタイリングに関して言えば「一人でデザインした」という意味を「スタイリスト的な手腕を使わず、技術者的に単純に機能的にスタイリングを構築した」という風に解釈することはできるだろう。

初代レンジローバーの姿カタチは、機能一本やりに構築され形作られたランドローバーのパッケージの上から、モダンでシンプルなまっ平らのパネルを張りつけ、明るく広いキャビンをのせるという、どちらかというと比較的安直な手法によって生まれたものだと考えるのが妥当だろう。しかし、その手法については１９６０年代中盤に画期的なスタイリングのショーカーを次々に送り出したジョルジョ・ジウジアーロの影響が大きかったのではないかと思われる。ピラーをブラックアウトしてルーフラインをボディラインとは別個に強調するという手法、あるいはボディにブランド名や車名をアルファベットで大書するというアイディアも、この時代ジウジアーロが多用したスタイリングテクニックだった。

もちろん「カッコいい戦車」と「カッコ悪い戦車」があるように、機能的なスタイリング構築法にも美の原則と美的意識と思想性は必要である。軍用車の上から乗用車をかぶせるにあたって、それをジウジアーロ的正統モダンデザイン手法に借りたのが初代レンジローバーのカタチ、ということではないか。「ニューヨーク近代美術館所蔵」というその栄誉にもそこそこ納得がいく。

ローバー社は1988年にBLから分離し、BAe（ブリティッシュエアロスペース）に吸収された。開発中だった二代目レンジローバーの発売はその3年後である。オフロードの高級車という初代のキャラクターはただでさえ個性的だったが、18年間に渡って作り続けられた結果として、いつか世界に比類のない存在になった。にもかかわらず好事家以外の注目を浴びることがなかったのは、エンジニアリングとしてあまりにも陳腐化してしまっていたからである。

二代目はそっくり中身を刷新した。ぶ厚く四角い車体と四角いキャビン、フロントが短くリアが長いプロポーション、黒く塗りつぶしたピラーでルーフとボディを結ぶテクニック、フロントグリルの基本レイアウトなどのスタイリング的特徴を初代からのモチーフとして引き継いだ二代目は、レンジローバーという存在感そのままに、まったく新しい高性能SUV車に生まれ変わった。レンジローバーのまま新しい高性能SUV車に生まれ変わったというのが成功の鍵であった。古さに臆することなく「憧れのレンジローバー」が買えるようになったのだ。世界中の自動車メーカーが高級SUVの市場性に注目するようになったのは二代目レンジローバーの成功を見ておののいたからである。二代目は間違いなくベンツ、ＢＭＷ、キャデラック、ＶＷ／ポルシェのＳＵＶ開発のベンチマークであった。

１９９４年ローバーはＢＡｅからＢＭＷ社に売却される。現在の三代目レンジローバーはＢＭＷの強力な主導の下で開発されたクルマである。

ＢＭＷがローバーを買収した目的はレンジローバーとミニを手に入れるためであったということは今となってみれば明らかだ。ロールスロイスのブランド権も手中にしたＢＭＷは、イギリスの三代老舗ブランドの３台のクルマを90年代後半にほぼ同時に開発した。「伝統のスタイリングイメージ」と「最新ドイツ自動車テクノロジー」との融合が３車共通のテーマである。伝統のスタイリングモチーフの内側で三代目レンジローバーはハイテクで武装し、ドイツ流に徹底的に作り込まれる。

如何なる判断が働いたのかは分からないが、最終的にＢＭＷは出来上がった３ブランド３台のクルマの中からロールスロイス（ファンタム）を手元に残し、ローバーからミニだけを剥ぎ取って手元に残し、残ったローバーのうちランドローバー部門を（完成したレンジローバーごと）フォードに売却した。ミニとランドローバーのなくなったローバー社の本体（残渣）はイギリスの資本家グループに10ポンド（約２３００円）で売られた。資本家の判定は評論家より辛辣である。去年倒産したのはこの10ポンドのローバー（倒産時社名は「MGローバー」の方である。

三代目レンジローバーの発売はランドローバーがフォード傘下に入ったのちである。どうやらこれがレンジローバーの運命のようだ。新型の発売の前になると会社の経営基盤が変わる。いままたフォードがジャガーとランドローバーを売却するのではないかというウワサが乱れ飛んでいる。

ランドローバーの工場はイングランド中部バーミンガム近郊のソリハルという場所にある。工場の横にはディズニーランドのジャングルクルーズを5倍規模にしたような人工のジャングル、通称「ジャングルトラック」が作られており、ランドローバーの作るクルマはかつてここで開発テストを受けていた。現在開発はバーミンガム近傍のゲイドンという場所でジャガーやアストンマーチンと軒を連ねて行われており、ソリハルのジャングルトラックはオーナー等に開放されているという。

ともかくその敷地内はディズニーランド以上にリアルだ。数百メートル四方がカバのヌタ場よろしく赤土の泥濘と化した低ミュー路。横断するとクルマのボンネットまですっぽり埋没してしまう沼。一段1メートルの高さはある階段やじゃりの急登坂路。世界中の未開地の状況を再現したすさまじい悪路の連続である。もともと森だった場所だから、わずかに木もれ日が差し込むだけの黒々とした森林の中にたちまちわけ入って方角も分からなくなり、まったくアマゾンのジャングルさながらの恐怖がたっぷり味わえる。初代レンジローバーも二代目もここで運転してみたが、その踏破能力たるや掛け値なしに素晴らしいものだった。聞いた話だと日本が誇るSUVくんだりでうっかりコースインなどしようものなら、ジャングルの途中でスタックして永遠に出てこられなくなるらしい。大いにありうる話である。

ソリハルにあったのはジャングルトラックだけではない。ランドローバーの人々のプライドである。今でこそ書けることだが、当時開発者やテストドライバーたちと話していても、親会社であるローバーが作っている他のクルマのことなど、まったく話題にも冗談にも出てこなかった。彼らのライバルはゲレンデワーゲンでありジープでありハマーでありランドクルーザーであり、彼らはその世界に心底ひたって生きているように見えた。ランドローバーという会社とランドローバーが作るクルマは、つまり彼らの信念なのだ。世界中の自動車メーカーに行ったが、こんな気高いプライド意識に出会ったのは後にも先にもランドローバーしかなかった。レンジローバーに秘密があるとすればそれだろう。どこかレンジローバーが超然として見えるのもそれが理由だろう。この先ランドローバーがどうなっていくかは分からないが、あのとき感じたプライドを彼らがすて去ることがない限り、どこに買われようが売られようがランドローバーの作るクルマに貫かれるものは変わらないように思える。

レンジローバーのスタイリングがランドローバーのブランドイメージを作ったのではない。ランドローバーという会社のスタイルがレンジローバーという魅力と個性を作っているのである。

RANGE ROVER
402 OAS

Range Rover

Alfa Romeo Alfa GT

アルファロメオ アルファGT

「アルファロメオが日産車を作っていたことがある」と言うとびっくりされる方もおられるかもしれない。

1980年、その頃まだイタリアの国営企業体であったアルファロメオ社が日産自動車と業務提携し、ARNA（Alfaromeo&Nissan Automobili）という会社を現地に設立、当時の日産の小型車パルサー（N12型）を「アルファロメオ・アルナ」という名で生産し、欧州で販売したのである。アルファロメオはこの生産によって日本式の自動車設計技術（のうち主に合理化）と生産技術（のうち主に合理化）を学んだと言われているが、日産の方のメリットが具体的にどこにあったのかはいまひとつ定かではない。おそらく日産もそう思ったか、両社の関係は1985年に解消しARNAは消滅してしまった。

一度だけそのクルマ、アルファロメオ・アルナに乗ったことがある。日産のテストコースだった。

シャシやサスペンションなどのメカニズム部分はもちろん、アルナはボディの外板やインテリアの基本もそっくりパルサーのままなのだが、テストコースにパルサーと並べて置かれていたアルナはなぜか一目見てアルファロメオそのものだった。当時の日本車にはなかったような濃いグリーンメタリックのボディカラー、フロントマスクの中央にクローム色に光る逆三角形の盾のグリルとアルファロメオのエンブレム、それだけでパルサーはちゃんとアルファロメオに見えたのである。ブランドのアイデンティティというのはどえらいものだと半ばあきれ感心したものだ。

アルファロメオといえばあの逆三角形の盾型のフロントグリルである。一度見たら忘れられない独特のあのエンブレムである。ご紹介するアルファGTのスタイリングは、その盾型グリルそのものをクルマ全体のスタイリング・モチーフにしてしまった。

盾型グリルはフロントマスクの低い位置、バンパー部分にくさびを打ち込むように配されていて、ヘッドライトやエアインテークなどを中央部で左右に分断している。盾の形状は余韻を引いてそのままV字形にボンネットを横断し、フロントガラスの根本へ連結しており、ヘッドライトからフェンダーに続くボディサイドの造形は、中央部のV字形の左右にただひっついている飾り物に過ぎないかのような処理だ。Vの勢いはボディ後半の全体を構成するくさび形状となってリヤエンドまで持続している。テールはくさびを直角に裁ち落とした断面、キャビンはくさびの上に必死でしがみついているソフトトップといった風情である。Vとくさびのモチーフを遮《さえぎ》るような他の要素は、ホイールアーチやサイドウインドのカットラインやテールレンズの形状などを含め、どれもことごとく控えめな造形である。ここではドアミラーでさえくさびの勢いをそぐことがないよう細心の注意を込めて目立たぬようスタイリングされている。

クルマの先端から後端まで、ひとつのテーマで力強く貫かれている点でアルファGTは近来の傑作といえる。そのモチーフの中心に据えられているのが盾のグリルなのだから、まさしくアルファGTは全身でアルファロメオを表現していると言えるだろう。こういう冒険ができるのも、ひとえに盾のシンボルの存在があればこそだ。

アルファロメオ社は1910年にイタリア・ミラノ市で勃興した。ロンバルダ自動車製造所（Anonima Lombarda Fabbrica Automobili）を略してALFAと呼ぶ。十字軍に起源があると言われるトリノ市の紋章の赤十字と、中世からルネサンス期にかけてスフォルツァ家と共にこの市を収めていたヴィスコンティ家の紋章の一部である「人を飲む大蛇」のシンボルとを組み合わせ、周囲に社名を縁取ってエンブレムとした。下端にはMILANOの文字があしらわれた。

ミラノ市のあるロンバルディア地方（現在はロンバルディア州）はかつて神聖ローマ帝国から分離独立した歴史を持ち、1176年にロンバルディア同盟が神聖ローマ帝国軍の介入を断固阻止して以来、とりわけ独立独歩の精神的風土を育んできた地域だという。フランス、スペイン、オーストリアの支配を転々とした15世紀から19世紀にかけても、その気質は人々に受け継がれてきた。18世紀からおよそ150年間ザヴォイア家のサルディニア王国であったお隣のピアモンテ地方との確執の歴史も古く、現代ではジョークのネタ程度になったそれも、1861年にサルディニア王国の主導によって達成されたリソルジメント(イタリア統一)の後しばらくの間は、まだ深刻にして大真面目なものだったという。ALFAがミラノやヴィスコンティ家の紋章を掲げ、「ロンバルディアの自動車メーカー」という社名の下に結成された背景には、1899年にトリノの名士たちによって創設されたイタリアトリノ自動車製造所(Fabbrica Italiana Automobili Torino)に対するライバル意識が多分にあったらしい。それすなわちFIAT社である。

ALFA社は1915年にニコラ・ロメオという技術コンツェルンの社主に買い取られ、アルファロメオという社名に発展する。

あの盾型のフロントグリルはいつ頃からあったのか。

ヨーロッパ車のフロントグリルは、ロールスロイスにしてもメルセデスベンツにしてもBMWの場合でも、戦前のラジエターグリルの形状にモチーフを得たものが多い。1930年ごろまでの自動車でラジエターグリルといえば、それは熱交換機能を持つラジエターそのもののことだった。その形状をブランドのアイデンティティと見なす風潮は当時からすでに存在していたが、アルファロメオの場合はやや末広がりの長方形グリルの左右上端を斜めに切り落としたような形状、将棋の駒のような形状を特徴としていた。この時代のクルマはボディとタイヤを覆うフェンダーとは別々になっていたから、ラジエターグリルの形状というのは要するにボディのフロント部の断面形状である。将棋の駒形のアルファロメオのラジエターグリルは、末広がりで上部が丸っこいというアルファロメオのボディ断面形状の反映だった。

航空機の発達によって進歩した空気力学がレーシングカーのボディ形状に積極的に導入されるようになったのも1930年代からである。フェンダーの付け根部分を整形してボディとなめらかにつながるように工夫したり、ボディの断面形を縮小して前面投影面積を小さくし空気抵抗を軽減するなどのテクニックが採り入れられるようになる。アルファロメオのラジエターグリルが逆三角形になったのも、いわばその結果だ。ボディ断面積を小さくするために筒形のボディの下部を内側に向けてゆるやかに絞り込んだデザインが、結果的にラジエターグリルを下すぼまりの盾形にしたのである。

レーシングカーにおけるこのモチーフはさっそく市販車に導入され、戦前のアルファロメオの顔になっていく。

第二次世界大戦ではダイムラーベンツ社製航空機エンジンをライセンス生産したりしていたアルファロメオ社は、ドイツとは違って国土が焦土とはならなかったイタリアにあって戦後いち早く復興を遂げた。自動車デザイン工房のピニンファリーナが、フェンダーとボディを完全に一体化してボディ側面を一枚の板のように平らに造形するというまったく新しいスタイリング手法（「フラッシュサイド」）を戦後すぐに提案したが、その発端となったのもアルファロメオだった。ボディ幅いっぱいに広がった巨大なフロントマスクと盾形グリルとの相性はどう考えても良くなかったが、ピニンファリーナは半ば強引にフロント中央に盾形グリルを配し、エアインテークをその左右に振り分けて何とか格好をつけた。

続く1950年に発売された「1900」はアルファロメオ始まって以来の廉価な中型乗用車だった。これを機にアルファロメオは手頃な価格の量産スポーティ乗用車メーカーへと次第に方向を転換していく。超高級スポーツカーメーカーという戦前のアルファロメオのキャラクターは新興のフェラーリへ受け継がれた。

戦後のアルファロメオは多作である。数10種類ものモデルがベルトーネ、ピニンファリナ、ツーリングなどによってデザインされた。そのいずれのフロントマスクにも盾形のフロントグリルがあしらわれている。それを見れば誰でもそれがアルファロメオだと分かる。逆にいうとフロントグリル以外にはこれという一貫したテーマ性は見られない。アルファロメオのスタイリングはそれぞれの時代の流行に合わせて流線形から角形へ、角形からくさび形へ、くさび形から丸形へと様々に変化した。盾形グリルさえ付いているならアルファロメオらしく見えてしまうというそのアイデンティティの強さが、あらゆるスタイリングの流行をアルファロメオに受け入れさせてきたとも言えるだろう。流行のデザインを持ってきて盾形グリルをひっつければ最新型のアルファロメオに見える。スタイリストにとってはまことに都合がいい。悪い言い方かもしれないが、実際歴代のアルファロメオにはパルサー＝アルナを含め、そういうモデルがいくつもあった。

１９８６年、アルファロメオはフィアットに売却され、半官半民の国営企業からフィアットの一部門に下る。これもまた自動車が描いた皮肉のひとつだ。

盾形グリルとエンブレムで飾り、スポーティ乗用車というキャラクターを身につけたフィアット版アルファロメオは、廉価性も武器にしてマーケットで成長した。１９９６年に発売された「１５６」は、１９５０年代的な抑揚を持つ美しいボディを盾型グリルのモチーフと見事にマッチングさせた傑作スタイリングの4ドア乗用車で、８年間に68万台を売るベストセラーにのし上がった。アルファＧＴもその１５６を母体として生まれた2ドアクーペである。日本における現在のアルファロメオ・ファンも１５６以降からという人が多い。

昨年発表されたばかりの１５６の後継車、「１５９」は１５６とはかなり趣の違うスタイリングである。より大型でシャープで角張っていて、１５６の流麗さは失われた。その2ドア版であるブレラはアルファＧＴと車種設定の企画がダブるクルマだが、こちらも全体的に重く鋭いスタイリングである。156やアルファGTのスタイリングに惹かれてアルファロメオ・ファンになった人々にとって、新型シリーズのスタイリングはかなり違和感があるようだ。

しかしそれがアルファロメオというクルマだろう。

かれこれ30年以上、その時代その時代のアルファロメオに試乗してきたが、実のところその走りっぷりについても「これがアルファだ」「これぞアルファだ」と言えるような一本貫かれたものはほとんどなかったように思う。アルファロメオというクルマはメルセデスベンツがメルセデスベンツであるほどにはアルファロメオではない。ポルシェ、BMW、フェラーリやキャデラックやコルベットやトヨタなどがそうであるほどにはアルファロメオはアルファロメオではないのである。

アルファロメオとはコンテンポラリーなスポーティ乗用車の包み紙といえるかもしれない。包み紙に印刷してあるのは盾のグリルとエンブレムとアルファロメオというその名である。その見事な包装紙でくるめばフィアットもアルファロメオになれるし日産もアルファロメオになれる。

これこそブランドというものの本質だろう。

Alfa Romeo Alfa GT

167
アルファロメオ アルファ GT

Lamborghini Murcielago LP640

ランボルギーニ　ムルシエラゴLP640

V型12気筒6496cc。

出力640馬力。

標準価格3139万5000円。

ランボルギーニ・ムルシエラゴLP640のスペックはなんとも豪快である。撮影・試乗できないものか頼み込んでみたところ、日本発売元のランボルギーニ・ジャパンはフルオプション仕様3619万3500円相当の試乗用デモカーをあっさり貸し出してくれた。

滑るように現われたムルシエラゴは、クルマとかスポーツカーというより完全にスピードボートのシルエットだった。ボディの中にキャビンがすっぽり埋まり込んで両者一体化し、どこからがキャビンでどこまでがボディという明快な区別がない。

こういうクルマを見るとデザイン(=空間レイアウト)とスタイリング(=表層の意匠)というのが、まったく別の、互いに相反し合う要素であることがよく分かる。フェアレディZやスープラのような空間レイアウトのクルマに如何なるスタイリングを凝らしてみたところでこういう姿カタチにはならないし、こういう空間デザインのクルマならたとえ表層にどんなスタイリングを施そうとも、凄まじいまでのこの迫力はちゃんと出るだろう。このクルマのメカニズムの基本と空間レイアウトは先代の「ディアブロ」からそっくり受け継いだものだが、そのディアブロの空間レイアウトはあの「カウンタック」から継承したものだ。ボディは二回りも大きくなっているが、ボディとキャビンが完全に一体となったシルエットはカウンタックのまま、すなわちムルシエラゴＬＰ６４０は１９７４年製のオリジナルのあのカウンタックＬＰ４００の直系の末裔なのだ。その基本的空間レイアウトあってこそ、ムルシエラゴのこの迫力であることは忘れてはならない。

スタイリングに目を転じると、ボディ全体を包んでいるのは、いかにもＣＡＤスタイリングを駆使して即興的にでっちあげたと思しき茫洋とうねる3次曲線である。今どきどこにでも転がっているようなスタイリングテイストだが、フロント、ルーフ側面部、ボディサイドなどに開口したエアインテークやリアエンド部分などにはシャープなエッジが意図的にむき出しにスタイリングされている。ガラスの開口やヘッドライト、テールレンズもボディの曲面の一部をあたかもハサミで切り抜いたような処理である。優美でグラマラスな全体に対して、デティールはとげとげしく荒々しく粗雑で無法で危険である。このクルマのボディ上でグラフィカルでシャープな矩形のカタチの数々は、うねる曲線美とまったく相反している。

ようするにこれは身長１９０㎝の裸体の美女がナイフを持って突っ立っているようなカタチのクルマである。常人の友好的な接近と理解を受け入れない。ムルシエラゴのスタイリングに際立った非凡性があるとすればこの点だろう。

さらに一歩踏み寄ると、ある種の潔癖さにクルマ全体が支配されていることに気がつく。細部の工作の完璧さによって醸し出されている病院のような空気である。豊かなボリュームの曲面上に工作のよどみや歪みはなく、鋭いエッジ部は研ぎすまされていて欠点が見つからない。そういうパネルとパネル、部品とパネルは互いに吸いつくようにぴしゃりと嵌《かん》合《ごう》しており、段差や無様な隙間はない。塗装は薄くシャープでしかも艶がある。いずれも非常に高い生産技術を物語る。

ドアはカウンタック同様ボディ直上にまっすぐ跳ね上がる形式だが、前端のたった一箇所でドア重量を支えなければいけないヒンジは、見事な出来映えの鍛造スチール製部品である。そうでもしないとカウンタックやディアブロのように上げ下げのたびにドアがきしんでぐらつくだろう。そういう危うい設計はムルシエラゴには見られない。ドアは精密機械のようにすーっと昇り、手で引くと素直にすこーんと落ちてくる。

ミサイルやアイスピックのように危険な姿をしたムルシエラゴは、一方では未来的で清潔で洗練された仕上げを持ったクルマであり、驚くほど甘美なスタイリングを驚くほど粗雑なやっつけ仕事で無理矢理カタチにしていたかつてのイタリア製スーパーカーとは、この点で別次元の商品である。ムルシエラゴを見ているといろいろまったく混乱する。まるでそれがこのクルマの魅力の一端でもあるかのようだ。

現在のランボルギーニはVWアウディ・グループの傘下にある。ドイツの資本力と技術力の導入によって2001年にムルシエラゴは生まれた。

製造そのものはイタリア・サンタアガタのランボルギーニ社で行っている。鋼材を切断し組み合わせて溶接してシャシの基本骨格を作り、ハンドプライ／オートクレーブ（＝手作業による貼り合わせの後に真空加圧炉に入れて凝固・硬化加工する工法）のカーボンコンポジットパネルをそこに接着／リベット結合し、室内の床や隔壁を張る。これがボディの主構造である。インストルメントパネルやセンターコンソールやボディ外板パネルなどもすべてハンドプライ／オートクレーブ製造のドライカーボン製である。通常の鋼板プレス成形パネルが使われているのはルーフとドア外板のみだ。

自社内でアルミ鋳造したエンジンやトランスアクスルなどのケースは自社内で機械加工し、そこに外注部品を組み付けて一基一基パワートレーンを手作りする。

すなわちムルシエラゴの製造には「量産」と呼べるような生産技術は一切使われていない。設計技術の一部は進歩しているし、おそらくVWアウディの徹底的な品質管理体制と指導によって手作業の質も圧倒的に向上しているが、基本的な製造方法は1960年代にランボルギーニ社が勃興した当時の手作り方式のままである。今どきこんな作り方をしていたのでは、如何に安い人件費で会社を回したとしても、たかだか３５００万円くらいの売価ではまったく儲からないだろう。

ムルシエラゴがなぜそういうクルマなのかといえば、母体となったディアブロがそういうクルマだったからである。手作りを前提に一旦設計したクルマを量産化することは不可能だ。手作りとは訓練を積んだ職人なら誰でもできる作業だが、量産とはまさしくそのもの自体が芸術だからである。なぜＶＷアウディがリスクを承知のうえで量産の出来ないディアブロを母体にしたクルマを作らせたかといえば、傘下に置いたこのスーパーカー・メーカーのイメージを一刻も早く立て直すことが肝要だったからである。ＶＷアウディがひろってきたとき、ランボルギーニはそこまで堕ちていた。

ランボルギーニ社はトラクターとエアコン作りで財を成したイタリアのいわゆる戦後「成金」実業家が１９６０年代初頭に設立したメーカーである。社主フェルッチオ・ランボルギーニの事業的野心は「ロードカーの分野でフェラーリを凌駕するクルマを作ること」それ一本に絞られていた。まったく珍しい社是もあったものだが、それくらい当時のフェラーリ・ロードカーは人気があった。

創立からおよそ10年の間にランボルギーニはフェラーリをターゲットにした公道用ス

ポーツカーを10種類近く開発し発売した。ミウラとカウンタック、今に語り継がれている名スポーツカーがその中に2台も含まれていた事実は今になって考えてみると驚異的な話である。そういうことが可能だった秘密は4点ある。立ち上がりから集中的に資本を投下し最新の工場設備を用意したこと。フェラーリから優秀なエンジニアや熟練作業者を大量に引き抜いたこと。わき目をふらず打倒フェラーリに目標を絞ったこと。エンジンなどのメカニズムを社内で製造することによって共用化とバリエーション発展の便を計る一方、ボディ／シャシなどの製作作業の一部、あるいはすべてを外注に出し、車種バリエーションを次々に放ったことである。

ランボルギーニがライバルと定めたそのフェラーリという会社の社是は、創立の発端から「レースに勝つこと」であった。ロードカーはそもそも事業の興味の対象ではなかった。使い終わった中古のレーシングカーを顧客に売りさばくことでロードカーのビジネスに入ったが、次第に我がままな素人顧客の存在が重荷になってきて、ロードカー専用のフェラーリを作らざるを得なくなる。ロードカー部門をそっくり他社に売却しようとフォードやフィアット相手に画策し始めるのもそのころ、60年代初頭である。当時のフェラーリは独善的で軍隊式の会社であり、社長のご機嫌をそこねたエンジニアは場末であるロードカー部門に容赦なく飛ばされた。そういう目に遭わされた不満分子が叛旗を翻してランボルギーニに移籍し、打倒フェラーリを目標に夢のクルマを次々に作った。それがランボルギーニの1962年〜72年、黄金の10年間だった。

しかしミスターランボルギーニは本家のトラクター事業で大きな損失を出したことを契機に嫌気がさし、すべての事業を売り払って隠遁してしまう。ランボルギーニの自動車部門はスイスの実業家に売られ、ここから同社の流転の運命が始まった。1972年から1998年までの26年間で同社のオーナーは少なくとも6回変わっている。その中には資本の一部提携をしたBMW、遊ぶだけ遊んでから売り払ったクライスラーなども含まれている。

どんなクルマでもハンマーとバーナーと鋼材とアルミ板からたちまち作ってカタチにしてしまう熟練工の腕前、広大で立派な工場と設備、そして十指に余る名だたる名車の存在はランボルギーニを買収する人々に常に過剰な幻想を抱かせた。BMWでさえ「まかせておけば自動的にスーパーカーが出来る」と思い込んで同社と提携し、かなり痛い目を見ている（80年BMW・M1）。クライスラーもまたカビの生えたカウンタックに金をつぎ込みさえすれば錬金術で最新型スーパーカーに作り変えられると信じた。これがディアブロである。出来たクルマをアメリカに持って帰ってあれこれ文句をつけ、コスト効率の悪さにあきれ果て、顧客のクレームの多さにさじを投げ、結局会社ごとインドネシアの実業家に吐き捨てるように売却した。

栄光。名声。財産。価値。このメーカーのブランドイメージのすべては結局最初の10年間ですべて構築されたものだ。そこに乗じて売り買いし転がした「たかり」の連中は、この会社に新しい空気の何をも生まなかった。こうしてランボルギーニは落ちるところまで堕ち、地獄の底でVWアウディに救われた。

ムルシエラゴで新生ランボルギーニの品質と性能を内外にアピールしたVWアウディは、本格的な新生ランボルギーニ車であるガヤルドというクルマを2004年にムルシエラゴの弟分として発売した。次期アウディ製スポーツカー「R8」とメカニズムの多くを共用しているといわれている。発売順から見るとあたかも「アウディがランボルギーニのパーツを使った」ように見えるだろうが、これも功名な戦術である。実際はランボルギーニに次期アウディのパーツを作らせたのである。

2008年には「ミウラ」の登場が予告されている。VWアウディ系のメカニカル・パーツとハイテク設計／生産技術を総動員して作ったスーパーカーに、名車ミウラ風のスタイリングをかぶせてその名を与え、名声にあやかろうという企画である。

結局VWアウディとて「たかり」には違いないということになるが、それでもランボルギーニは黄金の10年以来もっとも幸せな状況にあるといえるだろう。ムルシエラゴの出来

Lamborghini Murcielago
LP640

179
ランボルギーニ ムルシエラゴLP640

映えを見ればそれは分かる。誇りとプライドを失った手が作った手作りグルマほど悲惨な機械はない。そういうランボルギーニをいやというほど見てきた者にとっては、ムルシエラゴは目の覚めるような見事な手作りグルマである。こういう昔ながらの手作りがランボルギーニで行われるのは、しかし多分これが最後である。

骨の髄までランボルギーニでありながら、初めて手作りであることに真のプライドを抱いて作られたクルマ。ムルシエラゴこそはランボルギーニ栄光の10年を今ようやくしめくくるのにふさわしい「究極のランボルギーニ」だろう。

Citroen C6

シトロエンC6

新しいシトロエンの最上級車「C6」は見る者を瞬間的に圧倒し納得させるスタイリングのクルマである。それが実物ならばなおさらだ。巨大なボディは流麗で繊細なラインに包まれていて、しかも造形自体にもボリューム感があり、非常に個性的で他のどの高級サルーンにも似ていない。フロントに回ると「ダブルシェブロン」と呼ばれるシトロエンのエンブレムをスタイリングしたグリルの意匠に心を奪われるし、リアに回れば逆ぞりしたリアガラスの3次元形状の大胆さにド肝を抜かれるだろう。

シトロエンというメーカーの歴史を知りシトロエンというメーカーの何たるかを知っている者なら、C6のスタイリングを見て「これぞシトロエン」「まさしくシトロエン」と叫ぶだろうが、たとえそういうことを一切知らない者であっても、このクルマがベンツだのBMWだのレクサスだのといったどこにでも転がっているようなありきたりの高級車とは根本的に一線を画す存在である印象は抱くだろう。

そうした認識は「好き」とか「嫌い」とかいった感情を超越したものだ。このクルマはその第一印象から「他の高級車とはまったく違う」のである。

90年代初頭のEU統合/東欧解放によってヨーロッパで始まった自動車大戦争のごたごたの中で、数多くの伝統的なヨーロッパの自動車メーカーは体質の改革をせまられ、その結果ブランドイメージが下がったり上がったりするという興味深い攻守交換劇が演じられた。その中で間違いなくブランドイメージを上げたのがシトロエンである。

シトロエン成功の要素は2点ある。

ラリーとスタイリングだ。

購買力の中心である若者層に対してレース参加によって得るブランド売名効果は大きい。世界の大手メーカーはその市場分析にしたがっていっせいにF1グランプリに打って出たが、信じられないくらいの大金を投じてもレースではなかなか勝たせてもらえず、たとえ勝ったとしてもその宣伝効果の持続時間が極端に短いという事実を思い知ったに違いない。しかも名誉の半分はドライバーに、残りの半分はスポンサーに持っていかれる。2005年のF1のチャンピオンシップを征したのはルノーだったが、人々の印象に残ったのはフェルナンド・アロンソというスペイン人ドライバーの名と、ボディに塗られたブルーのMILD SEVENカラーだけである。F1での勝利を街のディーラーで売っているルノーとダイレクトに結びつけて考えたりイメージしたりする人間はごく少数だろう。ベンツ、BMW、トヨタ、ホンダしかりである。F1でブランドイメージを高めることに成功しているのは後にも先にもフェラーリだけだが、彼らは50年間もそれを続けてきたのだ。

シトロエンがラリーを選んだのは費用対効果の面で正解だった。市販車そのものの姿とエンジニアリングで走るラリーは若者層にとってシトロエンの存在の大きなアピールとなった。天才フランス人ドライバー、セバスチャン・ローブを採用したシトロエンは、4年連続でWRCラリーチャンピオンを獲得し、いま新たな「シトロエン伝説」を築きつつある。

シトロエン成功のもう一端が本稿のテーマのスタイリングである。

実は1974年にシトロエンは一度倒産している。フランス政府が支援に乗り出し、プジョーの傘下に入ってPSAグループの一員となった。シトロエンのエンジニアリングやスタイリングから独自性が失われたのはそのときからである。90年代の自動車世界戦争に望んで、シトロエンは思い切ったスタイリング戦術によってその復活をはかろうとした。この作戦自体は平凡だ。ヨーロッパ中のメーカーがスタイリングのアピールによるブランドイメージアップを目論んでいっせいに「思い切ったスタイリング」を導入したからである。

ではなぜシトロエンはその中で圧倒的な成功を収めたのか。

「新しさ」と「独自性」を競い合うスタイリング合戦の中にあってなお、シトロエンは圧倒的に独特だったからである。C6がその動かぬ証明だ。

しかしシトロエンにそれをもたらしたのは「フランスの文化は凄いから」でも「シトロエンのセンスがいいから」でも「スタイリストが天才だったから」でもなく、ましてや「シトロエンの技術が進んでいるから」でもない。C6に例を取れば、そのスタイリングの秘密は2つしかない。

明快で説得力のあるスタイリングの基本テーマ。

そのテーマを完遂するための妥協をゆるさぬ姿勢。


何だか広告代理店が考えた安い宣伝文句のようだが、実はベンツにもBMWにもトヨタにもこの2点が欠けている。

C6のボディは通常のセダンとは異なり、一見キャビンを長くボディ後端まで引き延ばしたステーションワゴンやハッチバック車のような形態である。前輪から前方部分（オーバーハング）を非常に長くしてバランスを取っている。この姿は1950〜60年代の名車「シトロエンDS」を彷彿とさせる。

なぜC6はこうなのかということを知るためには、他の高級車がなぜこういうプロポーションではないのかということを考えると分かりやすい。第一にこういう長いキャビンにするとトランクの開口部が小さくなるからである。世界の多くの高級セダンがキャビン後方に箱形の独立したトランク部を設け、車両全体を3BOX型にしている最大の理由はこれである。C6はハッチバックのように見えるが、Cピラーの内側には傾斜の強いリアガラスがあり、トランクリッドをちゃんと設けているので、機能としてはれっきとした3BOXセダンだ。しかしトランクの開口面積は狭い。ベンツやBMWやトヨタなら、とてもこんな狭い荷室開口面積でお客が納得するとは思わないだろう。

こういうステーションワゴン的キャビンにするとボディ後半部の剛性が不足しやすい。セダンはリアドアのすぐ後ろに太いCピラーを立てることによって後席の周囲に格子のような頑強な閉断面構造を構築し、高級車にとってもっとも重要な後席回りの剛性を確保している。剛性が高ければ走行中のしっかり感が高まり、内装の建て付け感もよくなり、音や振動も根本的に低減できる。C6はリアドア後端に細いピラーを垂直に立て、さらにもう一本を斜めにボディ後端へ導いてCピラーを2本に分けているが、これでは頑強なケージ構造とはいえない。実際乗ってみても後席回りの剛性感は3BOX型にまったく及ばない。

長いフロントノーズはこのクルマのプロポーションに完璧なバランスを与えているが、全長はその分長くなって取り回し性は悪くなり重量も増加する。フロントにこれだけマスがあると振動感や乗り心地にも悪い影響が出やすい。フロントのオーバーハングはなるべく短く作りたい。ベンツもBMWもレクサスもそう考え、そう作っている。

技術が一定ならば構造体の特性は形態で決まる。そういうものなのだが、世界のメーカーの技術力というのは我々が想像しているよりはるかに均一で、メーカー間による差はそれほど大きくはない。考えてみれば当たり前で、世界中の技術者が高性能コンピュータと高価な解析ソフトを所有しオンラインで技術を共用しているのである。生産技術にはまだ秘密もあれば差異もあるが、ボディ／シャシや足回りやエンジン／駆動系などの設計技術にはいまや大差ない。他の高級車が決して採用しないカタチをシトロエンだけが採用できるのは、シトロエンだけが何かを捨てているからに他ならない。

こういう部分は他にもある。

C6のボディでとりわけ美しいのはウインドウのグラフィックである。ボディ後端まで低く長く開口したサイドウインドウは細いクロームで縁取られ、このクルマのサイドビューの魅力のポイントになっている。近くで見るとクロームのトリムはフロントからリアまでが一本ものである。途中に継ぎ目はない。サイドウインドウ全体もまるで一枚のガラスのように面が連続していて実にすっきりしている。C6のウルトラモダンな印象の多くが、このウインドウ周りのスマートさに立脚していることは明らかだ。

なぜ他のクルマはこうできないのか。

それはC6だけが世界の高級車の中で唯一「ハードトップ構造」を取っているからである。

ハードトップとは分かりにくい自動車用語だが、「ドアのウインドウを支えるフレーム構造がないボディ形態のこと」である。もともとはオープンカーの屋根の上にのせる硬い鉄製やプラスチック製のルーフ部品の名称だった。

オープンカーというのは幌を開けてドアのガラスを下まで降ろすと、クルマの後半分の上半分がそっくりなくなる構造のことである。すなわちドアの上部にはガラスを上げたときにそれを保持するための枠（サッシュ）がついていない。ドア構造は下半分の鉄板部分（ボディ部分）だけである。では屋根のある普通のクルマにもそういうサッシュレスドアを採用したら、ウインドウ周りがすっきりするのではないか、そう考えたのがセダン車のハードトップ構造だ。正確には「セダン車のドアサッシュレス構造」という。ドアを閉じガラスを上げると、ガラスはボディ側についているゴムの上に滑り込んでボディと密着する。ドア側にもボディ側にもガラスをはさみ込むような枠はついていないから、ガラス回りがシンプルにすっきりする。ガラスの上のモールもドアで立ち切られることがないから前から後ろまで一本ものにできる。

しかしこの構造ではドアガラスの保持性が低く、遮音性や対振動性に劣る。高速走行すると負圧でガラスが外側に向かって吸われて浮き、ゴムのシール性が低くなって室内空気が外に吸い出されピーという風切り音が出やすい。ドアを閉じたときにガラスがバタつくため、ドア閉じ音も悪くなる。ガラスを開けて途中で止めているときにガラスの保持性が低く、バタつきやびびり振動が出やすい。ベンツやBMWやトヨタが高級サルーンにサッシュレスドア構造を決して採用しないのはそのためである。ドアとガラス枠を一体化したフルドア構造を採用し、ドア自体の剛性を上げガラス保持剛性を高めることが高級車としては最良の手段だからである。

C6は美しいスタイリングのためにスタイリングを一切妥協しなかった。言い換えればC6は美しいスタイリングのために高級車としてのエンジニアリングの必要条件を妥協した。これがベンツやBMWやトヨタには絶対マネができないシトロエンの秘密である。

シトロエンC6、実際に乗ってみると各部につめ込まれた遮音材や制振材のおかげで、想像していたよりも乗り心地や音・振動特性は悪くなかった。現にC6を借用して乗ってきた編集部のスタッフは「すごくいいです。快適性は新しいレクサスLS460よりいいくらいです」と第一印象を報告した。しかし私に言わせればSクラスにもレクサスにも遥か遠く及ばない。10メートル走っただけでも30年前のクルマを思わせるなよなよの低剛性感が露呈する。これを「LS460よりいい」などと言ったら世界の自動車技術的良識は根底から崩壊してしまう。

だが多くの人は編集者氏のようにそんなことには気づきもしないだろうし「LS460

Citroen C6

191
シトロエンC6

よりいい」と思うのかもしれない。たとえ気がついてもこの美しいスタイリングと引き替えにそんなことはどうでもいいと思うかもしれない。こんなボディでは10年10万㎞でガタピシになると思うが、Ｃ６にそれほど長く乗る人はごく僅かだろう。

シトロエンを素晴らしいと思うとすればそこである。性能や耐久性に妥協してでもカッコよく美しいクルマを作り、それによってクルマが売れ、オーナーが１００％満足し、ブランドイメージがこれまでよりさらに向上するなら、勝者は間違いなく彼らだからである。シトロエンはたぶんこの競争に勝ち残るだろう。

Ford Mustang

フォード・マスタング

9年ぶりに復活したフォード・マスタングは、2004年10月の発売開始以来2年間で30万台を販売し、世界最大の自動車マーケットである北米大陸において長らく死に体だったスポーティ乗用車のマーケットに新風を吹き込んだ。短期決算・成果主義のアメリカではシェア／経常利益／株価ともにこのところ浮いたり沈んだり忙しいフォードだが、このクルマに関しては大ヒットである。

成功の要因は開発の狙いが的中したことである。

狙いは3点。

知名度。スタイリング。価格。

フォード・マスタングは1964年に突如出現し、一夜にしてその名声を築いた。発表初日の予約登録台数は2万2000台、販売開始半年で12万台を売った。爆発的な人気の秘密は「スタイリッシュでスポーティで最新式の廉価な欧州車風の乗用車」というコンセプト、そしてそれを証明したスタイリングにあった。これに先立つ1950年代とは、表現主義的なおどろおどろしいスタイリングが自動車の世界を席巻した時代である。その風潮にいささか辟易としていたマーケットは、シンプルでモダンなスタイリングのマスタングの姿に新しい時代の到来を一瞬で確信したのである。

マスタングの名とそのスタイリングは生きた伝説となり、それはその後に続いた30年間の歴代マスタングにとって例外なく憂鬱な幻霊となった。如何なる改良を施し乗り心地やハンドリングや加速性能を向上させても、如何なるアイデアを絞って新しいスタイリングのあれこれを試みても、マスタングはその名にふさわしいインパクトを決して再現することができなかった。初代マスタングの成功はそれが「革命」だったことなのであり、そこにあやかろうとする限りそのクルマが革命的になることはあり得ない。それこそ歴代マスタングが決して逃れることが出来なかった矛盾である。

フォードのスタイリングの総責任者であるJ・メイズ（当人は常に己の名をこのように称している）は「リクリエイション」というスタイリング手法をフォードにもたらした。かつての名車のスタイリングをモチーフに使い現代のクルマを現代的にスタイリングする方法である。

クルマはエンジンやサスペンションなどのメカニズムや室内空間、トランクルームなどによって構築された三次元の空間構造である「パッケージング」と、その表層を彩る「スタイリング」によって作られていると考えることができる。カッコよくするために屋根を平たく低く作ればそれに応じて室内空間は狭くなるのだから、パッケージとスタイリングは互いに密接に関係し合い影響し合っている。スタイリングだけに話を絞れば、それを決定するのは「テーマ」と「テーマの実現」である。

スタイリングのテーマは「豪華で重量感があり、永続的でおごそかな佇まい」といったようにクルマのイメージや印象を主体としたものもあれば、「四角っぽいメカニカルなリアと柔らかいカーブのフロントが真ん中でつながったようなカタチ」など、モチーフとしてのカタチの面白さ／ユニークさにおかれる場合もある。大なり小なり強なり弱なりクルマのスタイリングには必ずテーマがあり、スタイリストはテーマを常に念頭に据えながらスタイリング造形を行なう。

テーマが単純なほど出来上がったクルマの印象は明快かつ鮮烈になるが、実際の自動車の立体構造は単純明快ではない。パッケージとの兼ね合い（エンジンが乗らなければしょうがない）、法規（細かい法規が各国にある）、視界や使い勝手などの要素をつつがなく満たしていることは当然だが、それ以前にまず矛盾のない立体でなければならない。お絵描きの段階ではつじつまがあっていたテーマも、3次元の立体にするとたちまち前と横、横と後ろのカタチに矛盾が生じる。それらを乗り越えながら全体をひとつの姿にまとめるのが「テーマの実現」という非常に難しい作業である。ここで大きく妥協すれば当初抱えていたテーマは実現できない。やっているうちに当初のテーマなどどこかに吹き飛んでなくなり、まったく別のカタチのクルマが出来るなどということは日常茶飯事である。作っているうちになくなるようなテーマは、もともとテーマ自体があやふやだったとも言える。

優れたスタイリストは実現可能なテーマしかテーマにしない。

初代マスタングのスタイリングをリクリエーションするということは、新型マスタングのスタイリングのテーマに「初代マスタング」そのものを据えるということである。すでに実現し存在し多くの人々を魅了し伝説となったスタイリングなのだから、テーマとしては単純明快である。

しかしテーマの実現という意味においては一から作るよりもずっと困難が伴う。なぜならクルマとしての条件が大きく変わっているからである。

サイズが大きくなっている。メカニズムはまったく違うものに変わっている。パッケージはおのずと別物である。だがテーマの妥協はできない。初代マスタングという不動の存在がそこにあり、人々は比較のみによって新型のスタイリングの出来の良否を判断しようとするからである。テーマの実現に妥協すれば、リクリエイションはみじめな失敗に終わる。

J・メイズとそのチームがこの分野において世界最高の手腕を持っていることは、1960年代のやはり伝説的レーシングカー、フォードGTのリクリエイションによって証明された。新生フォードGTのスタイリングは素晴らしい。このようにまさに正しくテーマの実現が行われたとき、リクリエイション車が放つスタイリングのパワーはオリジナルより強くなる。テーマが現代性によって増強されるからである。昔のオリジナルを振り返ると急に古くさくカビくさくやせ細って見えるようになり、人々はテーマの信仰の対象をオリジナルから新型へ移行する。オリジナルに代えて新型を伝統の礎とみなすようになるのである。フォードGTはまさしくそういう成功を勝ち取り、フォードはマスタングのリクリエイションを考えるようになった。初代こそすべてであるマスタングには、確かにふさわしい決断だ。

ニューマスタングは厳密には1964年型の初代マスタングのスタイリングだけをそのテーマにしているのではない。リヤにノッチのあるファストバックのプロポーションは間違いなく初代のモチーフだが、フロントマスクは初代の改良型である67・68年モデルにむしろ近い。68年までのマスタングのファストバックはリヤクオータウインドウの外側にアルマジロの甲羅のようなフィンをあしらっており、これがひとつの流行にもなった。しかし新型はここをあえてガラスの素通しのウインドウにしている。この処理はマスタングのチューニングバージョンであるシェルビー（ベンツでいうAMGのような存在）版の66年型「GT350」だけが採用していた。

一方必ずしも人気がないわけでもない69年以降のマスタングのモチーフはニューカーにはまったく採り入れられていない。64~68年の各モデル、すなわち伝説が構築された時代のマスタングからテーマとして適切なものだけを拾い集め、ニューマスタングのスタイリング・テーマに据えているのである。相当なマスタングマニアが見たとしても、この取捨選択は絶妙だと言うだろう。

ニューマスタングもまた安いクルマを目指した。現地でのベース価格は1万9995ドル。現時点での円換算だと230万円だが、アメリカの自動車市場におけるファンダメンタルス的に言えば「200万円を切った」というニュアンスだ。その価格で販売するための努力、すなわちコストダウンはメカニズムやインテリアなどあらゆる場所に見られる。プラットフォームは旧式のものだし、リヤサスペンションはいまどき固定懸架（リジッドアクスル）、インテリアのトリムはほとんどすべてが硬質のプラスチック製で、アルミやクロームのように見えるパーツも樹脂部品にめっきを施したものである。端的に言ってインテリアの品質感は日本の軽自動車以下、限りなくトラックに近いレベルなのだが、2万ドルでこのクルマが買えるなら誰も気にしないだろう。

外装の仕上げの素晴らしさはしたがって望外のものである。

よく晴れた日の夕暮れ前というのはクルマの外板の出来のボロを見抜くにはうってつけの環境だ。光が弱く照射方向が低いので、景色がホリゾントのようにボディに映り込んで塗装の荒れやパネルの凸凹やパネル同志のツラ合わせの低い精度などが実によく見える。

空気が澄んでいて空に多少の雲が散らばっていればなおさらいい。ボディがブラックなら文句なしだ。ベンツのSクラスだってポンコツに見えそうなその絶好のシチュエーションで眺めたマスタングの外板・外装は、驚いたことにほとんど完璧だった。パネルの曲面は見たこともないくらい美しく、ドアもボンネットもバンパーもぴたりと合っていて映り込みにまったく乱れがない。塗装も素晴らしい。あまりにも完璧なので、まるで3DのCG画像を見ているかのようだった。

ニューマスタングはミシガン州にあるオートアライアンス・インターナショナルが製造している。マツダとフォードの合弁会社である。マツダのボディプレス成型技術・塗装技術、組み立て技術には定評がある。マツダの血が入っているならこの仕上がりにも納得がいく。

しかしそれだけとも言えない。きれいにプレスしてきれいに作っただけでは、こんな絵のように見事な映り込みにはならない。スタイリングの細部の吟味そのものがそこいらのクルマとは別次元なのだ。

現代の自動車スタイリング用CADソフトは、コンピュータ上で作った三次元のスタイリングに光を当て背景をリアルに映り込ませることができる。夕陽でも朝日でも何でも反映させて効果をチェックできる。世界中のカースタイリストがそのソフトを使ってクルマのスタイリングをしているのだが、まさしく「コンピュータ・グラフィックみたい」に実物が見えるということは、ＣＡＤシミュレーションの精度も、操作の練度も、使いこなす感覚も、またＣＡＭ（コンピュータ支援製造）技術も秀でて優れていることの動かぬ証拠のように思える。

人々の目に焼き付いている不動のテーマをニューマスタングは見事なスタイリング手法と生産技術によってリクリエイションした。このクルマには誰をもひと目で魅了する要素がいくつも揃っている。2万ドルなら確かに売れるだろう。

初代マスタングは当時日本でも人気があったが、人気の実態は本国とは大きく隔たっていた。１ドル＝３６０円の時代、マスタングのファストバックは何と邦貨３２０万円もした。ＢＭＷなら最上級車の２０００ＣＳ、ベンツでも２３０セダンが買える値段で、ロータス・エランよりも高かった。日本でのマスタングは「高値の華の最高級スポーツカー」として人気があったのである。

いってみればブリトニーにちょっと似たウエイトレスに間違えてサインをねだったようなものだ。

ニューマスタングもようやく日本導入が決まったが、４リッターＶ６版で４４０万円、今回乗った4.6リッターＶ８版は５６０万円もする。フルオプション仕様だから本国のベー

Ford Mustang

スプライスと直接比較はできないが、少なくとも7割増しにはなっているだろう。これでは昔と同じで、ニューマスタングのライバルは今もＢＭＷやベンツである。プラスチックの内装や粗っぽい乗り心地や旧式のトランスミッションや貧弱な装備やビニール製のシートのごわごわした手触りにもこれでは何の言い訳もできない。

マスタングは廉価な安物だったからこそ伝説になったクルマであり、ニューマスタングもその方程式に正しく沿っている。狙いのひとつがなくなれば魅力は3割減である。

フォードもそれは承知の上だろう。アメリカ車はアメリカ人のためにこの世に存在するのであり、マスタングはアメリカ人のためにこの世にある。このクルマはアメリカにおいてその存在のすべてを１００％全うしているクルマなのである。

Audi TT Coupé

アウディTTクーペ

アウディTTクーペはVWゴルフ（＝アウディA3）系のシャシを短縮し2座＋補助席のクーペボディを上からかぶせて作られたクルマである。フロント横置きパワートレーン方式のFF車。同車には「クワトロ」仕様もあるが、横置きFFメカニズムを4駆化したものだ。

ようするに世界のどの自動車メーカーでも一度は作ったことのあるFF大衆車ベースのお手軽スペシャルティカーの一台に過ぎないのだが、街で見るTTクーペの存在感は圧倒的である。一見誰しもポルシェを連想するが、近頃のやたら線が細くて存在感のないポルシェなどより実車ははるかにエネルギッシュで力強い。全体が一塊の金属で作られているかのような充実感・重量感。

アクも強いが個性も強い。ミニブルドッグ。あるいはプチ戦車とでも呼ぶべきか。

2リッター直噴ターボに電子制御MT（ノークラッチ）を組み合わせたTTクーペ2.0の走りもまたこれが強烈である。2000回転／ハーフスロットルの踏み込みからいきなり4リッター車並みのトルクを放ち、背中がシートにべったり張り付く。ホントにこれが2リッターか。アクセルを踏んだ時のレスポンスのシャープさはポルシェ911を越えるほど。小さく軽く機敏な操縦感で、ボディアーマーに袖を通して着ているようなクルマとの一体感が素晴らしい。ここもポルシェのお株を奪っている。のんびり走っているとゴルフと変わらないが、真剣に飛ばすと本物のスポーツカー。これで４４０万円。

史上最良・最高の2リッタースポーツカーかもしれない。

アウディＴＴクーペがこういう姿のこういう着心地のクルマになった理由はいろいろある。ありきたりなクルマ作りにとらわれなかった結果である。

ゴルフのシャシを思い切って１１０㎜も切り詰め、後席を完全補助席に割り切った。これがまず出発点だ。

対して左右タイヤ間の距離、すなわちトレッドを大幅に拡大した。

クルマがカーブを曲がるときの旋回運動はクルマの重心点付近を中心にして生じる。旋回のきっかけをもたらすのは前輪の接地面に働く横向きの力である。重心はテコの支点、前輪はテコの作用点と考えてよい。短いテコ棒は揺れ幅が同じならより素早く動き素早く止まることができる。当然テコを動かすための力はより大きくなるが、このテコの場合作用点は2カ所（左右前輪）あるから、作用点の距離を離せばそれを相殺できる。すなわち前後車輪間距離（ホイールベース）の短いクルマはテコの棒が短くて機敏性に富み、トレッドを広くすれば機敏性をもたらすきっかけがシャープになって踏ん張りも増す。

ＴＴクーペのホイールベースは２４６５㎜と短く、しかもトレッドとの寸法の比率は１・５７５である。最近のスポーツカーは室内前後長と衝突安全性を稼ぐためホイールベースをインスタントに長くする傾向があり、トレッド／ホイールベース比は1・65〜1.7が主流である。セダンとなると1.8以上が普通である。1・575とは帽子が飛ぶくらいの「超幅広スタンス」だ。この値が1.6を切るというのは、レーシングカー的な設計といってよい。

フロントタイヤから前方、リヤタイヤから後方のそれぞれのボディは可能な限り寸法・容積を切り詰めている。前輪の前端から後輪の後端までの長さ（ホイールベース＋タイヤ直径）は3118㎜、すなわちタイヤの外側に張り出して見えるボディ部分は全長の25・4％しかない。TTクーペが異様にずんぐりしているように見える二番目の理由が、このオーバーハング長の短さである。もっとも力学的には前後車軸中心より外側部のボディがオーバーハング・マスになるため、ホイールベースの絶対値の短いこのクルマでは見た目ほど実際の力学的オーバーハングは短くならない。実際のオーバーハング比率は全長の41％である。

TTクーペは決して全高の低いクルマではない。

全高は1390㎜、ベースとなったゴルフ系と大差ない。スタイリング上で決して背高に見えないのは、ボディを分厚くしキャビンサイドのガラス部の上下寸法を小さくしたからである。

ぶ厚いボディに薄い屋根。アストンマーティンV8ヴァンテージと同様の手法だが、このクルマの場合はボディ側面をクサビ形にするのではなく、前輪から後輪へアーチをかけるような円弧を描き、これでボディサイドに上下の厚みを与えている。その上に乗っかっているのは思いがけなくも優美なラインを与えられた低いキャビンだ。人々はまずこの低くて格好のいいキャビンに目を奪われるから、短く幅広く背の高いプロレスラー的プロポーションにもかかわらず、TTクーペをスポーツカー的な優雅さを備えたクルマだと感じるのである。

ところがフロントマスクにはコンパクトで丸っこいボディや優雅なルーフラインの反映はまったくない。アイデンティティを強力に押し出した最近のアウディの強烈なマスクがそのまんまついている。左右いっぱい離して配置したヘッドライト、それに呼応するように切り抜いたエアインテーク。中央には巨大なフロントグリルがこれでもかとばかりに開口している。

これはいわゆるひとつの「巨顔」である。このクルマのフロントを見てポルシェを連想する人間は誰ひとりいないだろう。後方からこのクルマに追いつかれれば、巨大なアウディ・サルーンだと思うだろう。

これほどサイドシルエットとフロントマスクの印象が違うクルマも珍しいが、両者が立体としてまったく破綻なく両立している点は造形テクニックとして見事という他ない。サイドからフロント、フロントからサイドへと視線を動かしてみたときのポルシェから巨大サルーンへのスタイリングの変化は、CGのモーフィングを見ているかのようになめらか、鮮やかだ。

短く幅広いクルマはスポーツカーとしての機動性の資質に富む。背の高いキャビンは室内の居住性を高める。そういうカタチのクルマは凡庸に作ればプチ戦車にしか見えない。このクルマはそれをスタイリングの力量でスポーツカーらしく優美に力強く見せてしまう。フロントだけは巨顔の迫力とアクの強い個性で寄る者を圧倒する。

ミニブルドッグかプチ戦車。いや昔の日本人ならたぶんこう言うだろう。「このお姿こそまさしく奈良の大仏様」。

自動車メーカーといえども管理棟や業務棟や開発棟を歩けば、もちろんダークスーツが主流である。

例えばそこに一人長髪で口髭など生やし、ウールのシャツにニットのタイでもぶら下げた男がひとり通りかかれば、それが自動車メーカーに勤務しているデザイナーという人種である。

デザイナーは自動車メーカーの中ではかなり浮いた存在であり、多くの場合芸能人と産業廃棄物の中間くらいと見なされている。

そういうわけだからデザイナーの人的交流は社内でよりむしろ社外でさかんだ。驚いたことに自動車メーカーのデザイナーの多くは互いに知己であり、自動車デザイナーは世界的なソサエティを作って互いに情報を共有している。ヘッドハンティングや移籍も日常茶飯事である。したがって世界のクルマのスタイリングに「流行」が存在することや「傾向」や「動向」が見られることなどは不思議なことでも何でもない。

バンパーの中央部を縦断するような大口をフロントに開け、ナンバープレート装着部をグリルの内部に収めてしまうというこの新鮮なスタイリング上の手法も、そういうわけで世界中いっせいに登場した。タッチの差で一番乗りを決めたのがVW／アウディである。瞬く間にアウディ全車がこの顔になった。巨大な縦型逆台形の開口部に格子のグリル。そこに4つの輪のエンブレム。

だがアウディにとってこのスタイリングは単なる思いつきの産物ではない。

アウディ（AUDI）の語源はオーディオ（AUDIO）と同じ。ラテン語で「聴く」だ。ドイツ語で「聴く」という名字を持って生まれたアウグスト・ホルヒは初期の時代の自動車設計者で、1902年に自分で設計したクルマを作るホルヒ社を創業する。よくあるような共同事業者とのいざこざで6年後に自分の作った会社を追われ、あげくの果てに「ホルヒ」の名を使用することも裁判所から禁じられてしまった。苦肉の策として新会社を己の名のラテン語の翻訳である「アウディ」と命名したのである。1910年のことだ。22年後、結局ホルヒとアウディは、ヴァンダラーとDKWと共に再びひとつの会社に統合された。アウトウニオンという。

4つの会社の統合を示す4つの輪をそのエンブレムとして掲げた。

各社は統合後もそれぞれのブランドでクルマを販売したが、レーシングカーだけはアウトウニオンの名を使った。1932年、世界最初のミッドシップ方式レーシングカーとして登場したアウトウニオン・ペーヴァーゲン（英語式だとPワーゲン）である。設計者はフェルディナンド・ポルシェ博士。当時のグランプリレース（今のF1）を席巻したこの名にし負うレーシングカーのフロントグリルが、まさしく縦長の逆台形・格子グリルだった。グリルの上には4つの輪のエンブレムがあった。

アウトウニオンの本社は旧東独領内にあったため、戦後その工場は国営化されアウトウニオンの名は消滅する。だが権利関係のあれこれのマジックを駆使して1949年に西側で同名の会社を再興、これがVW傘下に入ってアウディーNSUーアウトウニオン社になる。現在のアウディ社である。

90年に東西ドイツが統合されると、ソ連が研究用と称してナチからぶん取って持ち帰った後、バラバラのままボルト一本まできちんと保管していたというペーヴァーゲンが50年ぶりに発見されてオークションで信じがたい高値で落札されるなどという事件も持ち上がり、アウディ社内にアウトウニオンの風が吹いた。VWの高級車にホルヒの名を復活させる計画も持ち上がったし、ペーヴァーゲンのモチーフを現代のスーパーカーとして蘇らせるというスタイリング案も出た。そのひとつが1993年の東京モーターショーで披露された「アーブス」という見事なショーモデルである。

TTクーペのスタイリングにはこのアーブスのモチーフが多く見られる。前後の大きく張り出したオーバーフェンダーとそれに呼応するように丸められたフロントとリヤボディ。柔らかいカーブでブリッジを架けるキャビンサイドのあのスタイリングもアーブス譲りだ。前後のオーバーハングが極端に短いTTクーペのシルエットはむしろオリジナルのペーヴァーゲンかもしれない。ペーヴァーゲンも当時「戦車」というあだ名で呼ばれていた。

どういうわけかVW／アウディという会社は長い間、自社のブランドイメージをスタイリングの個性によって主張することを拒絶してきたフシがある。例の長髪デザイナーをつかまえて「ゴルフのスタイリングについて一言」と聞くと「ゴルフにスタイリングなんてもんがあったっけ」と笑い飛ばされるという、そういう時代があったのである。しかし伝統の無個性スタイリングの上から無理矢理張り付けられたアウトウニオンの巨顔は、アウ

Audi TT Coupé

ディのスタイリング戦術のあり方をいま大きく変えようとしている。ＴＴクーペの存在はその急先鋒である。

日本におけるアウディ人気も、スタイリングのアクの強さが増していくのに比例するかのように高まってきている。平凡で上品で無個性で中古車価格の安いドイツ車の端っくれという地位に長らく甘んじてきたアウディは、いまやベンツ、ＢＭＷに続く輸入車No３の位置を確実に固めつつある。

BMW630i

BMW630i

ＢＭＷ６シリーズはタレントでいうとユマ・サーマンやジュリア・ロバーツのようなクルマだ。絶世の美形とはとてもいえないのに、放つオーラが思わず振り向かせる。どこといって際立って整ったところはどこにもないのに雰囲気実に優美である。少なくともこれはシャリーズ・セロンでは絶対にない。

当然のことながらクルマのスタイリングの魅力の構成要素は女優のそれとはまったく異なる。クルマの姿とはメカニズムと空間の三次元的構成要素である「パッケージ」の上から「スタイリング」という衣を羽織って出来ている。スタイリングだけに話を絞っていえば、それを作っているのは「テーマ」と「テーマの実現」だ。後者を「モデリング」ともいう。

ＢＭＷ６シリーズのヘッドライトは正面を睨み据えている。ベンツのヘッドライトがフロントマスクに開いた単なる「穴」とするなら、こちらは完全に動物の「目」である。おおらかな曲面を描くフロントノーズに鋭く深く切り込まれており、しかも正面から見るとあえて少々端の方に寄り過ぎている。こういう目つきは哺乳類的というよりは猛禽類的である。鷹のような鋭い目つきをしたヘッドライト。これはＢＭＷ６シリーズのスタイリングのひとつの「テーマ」であるといえる。

テール周りも不思議なカタチをしている。ボディ／フェンダー部とトランク部とにカタチとしての連続性がない。ボディ／フェンダーは後方に向かってなだらかに丸く傾斜して落ち込んでいるが、対照的にトランク部は水平に後方に向かって伸び、スポイラー状の突出部を形成している。近くから見ると丸みを帯びたフェンダーの柔らかく優美な曲面に目を奪われるが、クルマから離れて見ると鋭く突出したトランクがシャープでスポーティなシルエットを感じさせる。二律背反した形状をリヤエンドで無理矢理組み合わせる。これもBMW6シリーズのスタイリングのもうひとつの「テーマ」だろう。

テーマはクルマの第一印象を決定する。

見た瞬間に「このクルマはキライだ!」と思ったとするなら、それは多くの場合そのクルマのスタイリングのテーマが気に食わないのである。スタイリングのテーマはスタイルの方向、印象、雰囲気、オーラ、力強さや個性や魅力や主張を決める。BMW6シリーズのテーマは先例の通り、大胆で個性的で主張が強く、必ずしも上品ではなく、決して整って見栄えがよく不変的で永続性が高いことを狙ってはいない。激しく、特殊っぽく、コンテンポラリーで流行的で挑戦的である。ファッションというよりはモードであるだろうし、プレタポルテ的というよりはクチュール的だろう。

クルマのスタイリングのもうひとつの構成要素である「モデリング」とは何か。

モデリングとはテーマを具現化するときに駆使される実際の手法のことである。例えばスタイリングのテーマはマンガのように絵に描いて示すことができる。絵に描いて示すことができるようなテーマは、明快でいいスタイリングテーマであること言うこともできる。しかし絵で示すことができたからといって、それがそのまま立体に拡大できるわけではない。多くの人が誤解しているが、立体を絵で表現するということと、絵で表現したものを立体にするというのでは作業の困難さがまったく異なる。ビヨンセの似顔絵を描くのは簡単だが、鉄腕アトムをどこから眺めてもアトムに見える3次元の立体にするのはとても難しい。

テーマを立体に変える作業がすなわちモデリングである。お絵かきを本物のクルマにする作業。テーマが優秀でもモデリングがヘタならクルマのスタイリングは少しも魅力的なものにはならない。テーマが平凡でもモデリングが卓越しているならクルマとしては魅力的な商品になり得る。

モデリングの手腕が人々に与えるのは、完成度、仕上げ感、高級感、エレガンス性、優美さ、価値感などの印象である。

「このクルマはいいクルマだなあ」と思ったとするなら、それは多くの場合そのクルマのモデリングが優秀なのである。

日本車のスタイリングは一般的にテーマは平凡だがモデリングが優れている。レクサスLS460などはその典型である。

テーマは素晴らしいがモデリングがもうひとつという好例がホンダＮＳＸだ。ちなみにＮＳＸのテーマはイタリアのピニンファリーナから購入したものだった。テーマもモデリングもうまくいっているのがマツダ・ロードスターだが、あのクルマのスタイリングのテーマはそれほど個性的とは言えない。一般的に個性の乏しいありきたりのテーマというのはモデリングするのも易しい。類例が数多く存在するからである。

自動車デザインの世界で「デザイナー」と呼ばれる人々が主に担当しているのはテーマの創造である。ただしモデリングにまで踏み込んでテーマを考えられないデザイナーは三流である。出来上がった立体を想定しながらテーマを考えることができてデザイナーはようやく二流になれる。

モデリングを主に担当しているのは「モデラー」という職能の人々である。世間にはほとんど認知されていない。

モデラーはデザイナーの指導の下でテーマを立体化するが、傑作と呼ばれる自動車スタイリングの多くはモデラーの卓越した手腕に多くを助けられている。例えば60年代のピニンファリーナのスタイリング、代表例はフェラーリだが、これらはテーマも斬新だがモデラーの腕も秀でて素晴らしかった。

ＢＭＷ６シリーズで感嘆するのはモデリングである。

離れ目のヘッドライトとＢＭＷのグリル、明らかに形状として辻褄の合わないリヤフェンダーとトランク。「絶対に他にないものを作ろう」というデザイナーの欲望はそのテーマを奇抜で先走ったものにしている。モデリングは非常に難しい。モデリングの手腕が足りなかったら、このテーマはとてつもなく醜悪なクルマを作っただろう。

６シリーズは実に優雅な雰囲気のクルマである。シルクのドレープをひらめかせて歩く長身の美女のようなゆったりとした華やかさに目を奪われる。それはとにもかくにもモデリングが傑出しているからである。フロントマスクに刻まれたヘッドライトの立体的なバランスは、どの角度から眺めても破綻がない。どう考えてもバランスがとれているとは言い難いトランク周りも実物を目の当たりにすれば納得どころかその個性の輝きに魅了されてしまう。

大胆なテーマ。

秀逸のモデリング。

ＢＭＷ６シリーズが絶世の美形でないのは、絶世の美形であることが単にこのクルマのスタイリングのテーマではないからである。絶世の美形でないのに思わず見とれて振り返るのは、このクルマのモデリングが非常に優れているからである。かくしてＢＭＷ６シリーズはユマ・サーマンになった。

かつてのＢＭＷのブランドイメージは「スポーツマインドを持った堅実なドイツ車」といったようなものだった。ＢＭＷの車種ラインアップの基本は「松・竹・梅」３種類のノッチバックセダンだったが、それらはエンジニアリングもパッケージも内装もスタイリングも、走り味や雰囲気までもがそっくり同工異曲に作られていた。ＢＭＷの松竹梅とはようするにＢＭＷの大中小に過ぎなかったのである。スタイリングでいうなら大中小の３車は同じテーマを同じモデリングで作った結果であった。同じ企画のクルマをただ大中小と作り分け、それをＢＭＷの松竹梅として売るという手法そのものが、20世紀のＢＭＷの商品戦略のすべてであったといってもよい。

これは少量生産メーカーとしては手堅い戦略である。たまたまそこを通りかかったＢＭＷが松竹梅どのＢＭＷであったとしても、人々に与えるイメージはまったく同一だからだ。たまたまハンドルを握っているのがどのＢＭＷであったとしても、その違いがボディのサイズとエンジンの速さだけにしかないのなら、ドライバーはＢＭＷ車というクルマにたったひとつの明快なイメージしか抱くことはできなくなる。ＢＭＷはこういう手段によって人々にＢＭＷとは何たるかを認知させ、ベンツの向こうを張ってのし上がったのだ。

正円を四分割して青と白に塗り分けたＢＭＷのエンブレムが暗示しているのは飛行機のプロペラである。ＢＭＷが航空機エンジンメーカーとして発祥したことはよく知られているが、第二次世界大戦時の技術開発競争の結果からいうと、ＢＭＷは必ずしも一流の航空機エンジンメーカーだったとはいえない。一流はもちろんダイムラーベンツだったが、泣く子もだまる超一流がその上にいた。ユンカース・ヴェルケである。ＢＭＷの歴史本には時折「史上初のジェットエンジンを開発したのはＢＭＷである」という記述が登場するが、正確にいうと「史上初のジェットエンジンの開発をまかされたが失敗した」のがＢＭＷである。「あと1年早く登場していたら戦争の流れが大きく変わっていた」と今でも言われている史上初のジェット戦闘機メッサーシュミットＭｅ２６２の登場が1年遅れたのは、まさしくＢＭＷがエンジンの開発に失敗したからだ。結局半年間でそれを開発してのけたユンカースのエンジンを採用してＭｅ２６２は1年遅れで進空した。ユンカースは公然と反ナチ政策を掲げてヒトラーに弾圧され、ロバート・ボッシュに合併吸収されて消滅した。しかしベンツやＢＭＷを走らせているのは今もボッシュの電装品である。

クルマの分野でも戦前のＢＭＷはベンツに比べて二流どころに甘んじていた。プライドだけは一流だったＢＭＷは高級車の販売によって戦後復興に挑み、大失敗した。会社は倒産寸前まで追い込まれ、あと一歩でベンツに買収されるところだった。イタリアの小型車（＝「イセッタ」）のライセンス生産で何とか食いつないだＢＭＷを蘇らせたのは、１９６２年に発売した「ＢＭＷ２０００」という2リッター級中型セダンである。半ばやけくそで開発したこのクルマは大ヒット作となった。

ＢＭＷは多くを学び、この幸運な復活以降決して冒険をしなくなった。２０００年までの40年間にＢＭＷが作ったすべてのクルマは、メカニズムもパッケージもスタイリングも基本的にＢＭＷ２０００の発展型であったと言ってよい。

ＢＭＷがコンサバティブな松竹梅戦略で手堅く商売していたのはそういう背景があったからである。ベンツに肉薄するところまでそれでのし上がったのだから、あっぱれという他ない。

90年代初頭のＥＵ統合／東欧解放で突如生まれたヨーロッパ一大自由マーケット圏は、世界自動車戦争の勃発を励起し、自動車産業を資本統合・ブランド再編という過酷な生き残り競争の渦中に叩き込んだのだが、ＢＭＷはそこにあってブランドイメージと商品力を顕示し、ミニとロールスロイスを傘下にしたがえ、世界10大メガマニファクチュアの一翼を確保している。これは少なくとも「大勝利」である。それをもたらした重要な要素のひとつがブランドイメージの刷新だ。

２００１年の7シリーズを皮切りにＢＭＷはスタイリングのテーマを大胆に刷新したクルマを続々と送り出している。見方によっては醜悪とも受け取られかねないそのテーマを「美しいＢＭＷ」に変えているのは前出の通りモデリングの妙である。

BMW630i

M CR 4125

スタイリングが商品力を左右しブランドイメージを作り、ブランドイメージこそ競争に勝ち抜く最大の武器となったこの時代には、こういうことも起こりうるのだ。この世界ではかわいくてグラマーなだけではもはや大スターにはなれない。

Jaguar XJ

ジャガーXJ

いまや飛ぶ鳥を落とす勢いのアウディやポルシェ、不動の座を一層堅固にした感のあるベンツやＢＭＷなどに比べると、心なしかここのところあまり話題に上らなくなったのがボルボとジャガーである。期せずして両社ともフォード傘下のＰＡＧ（プレミアオートモーティブグループ）に属している。

ジャガー人気の凋落《ちょうらく》は数字にはっきりと表れている。日本におけるジャガーの販売台数のピークは２００２年度の５２３０台（ジャガー・ジャパン調べ・概略数字／以下同じ）だが、２００６年度は２８７０台に過ぎなかった。わずか4年（03年＝５０５０台だから実質3年）で何と半減したことになる。

世界に目を転じても傾向は同じで、ピークの２００２年に13万１０００台だった販売台数は、２００６年に7万５０００台まで落ち込んでいる。

数年で半減とはまさしく凄まじいの一言に尽きるが、それ以前にさかのぼって数字を見ていくとこの印象は幾分変わってくる。

例えば今から22年前の１９８５年度におけるジャガーの日本での販売台数はわずか年間３７０台であった。ジャガーが脚光を浴びたのはバブル期のことで、１９８８年には僅か1年で販売台数が一挙倍増（５３０→１１２５台）する急成長をとげ、以後も89年に１８８０台、90年には２５００台とさらに加速的に販売台数を伸ばして、それまで日本の自動車マーケットでは一部好事家のクルマ道楽の対象に過ぎなかった存在から一躍高級車の頂上ブランドの一角へと躍り出た。90年代後半以降安定して毎年度２０００台以上を販売し、日本におけるジャガーのブランドイメージは定着する。したがって「半減して没落した」ように見える現在の販売台数レベルも、実を言うと単にジャガーのブランドイメージが最高の安定期を迎えていた90年代に戻ったというだけのことだ。少なくとも数字の上ではジャガー人気になんの変わりもないのである。

これまで長い間、ジャガーのラインナップというのは基本的にたった2車種のクルマだけで構成されてきた。高級4ドアサルーンの「ＸＪ」と2ドアスポーツモデルの「ＸＫ」クーペである。実際にはスポーツモデルのＸＫはその最盛期であってもせいぜい年間４００台程度を日本で売っていたに過ぎない。例えばバブル期の90年度に販売した２５００台のジャガーのうちＸＫは４００台、残り２１００台のすべてはＸＪサルーンである。バブル後の安定期でもバランスは同じで、99年度でも販売した２４００台中ＸＪはやはり２１００台を占めている。要するに日本における「ジャガー」とはＸＪサルーンのことであり、ジャガーはＸＪサルーンという、たった1車種のクルマだけを持ってその高級車イメージを不動のものにした希有なブランドだった。こういう例はかつてのポルシェにくらいしか類例がないだろう。

ジャガーの転機は1999年に中型サルーン「Sタイプ」を発売したときに訪れた。米国フォード社の本格的な資本投下によってイギリスの生産工場をフォード式に大改造、リンカーン／マーキュリーの新型車とプラットフォームを共用化して開発されたミディアムジャガーである。これを大量生産した。Sタイプはもくろみ通り人気を博し、発売初年度に世界で4万台を売ってジャガーの生産台数を飛躍させた。

続く2001年には小型の「Xタイプ」がデビュー、フォードのオペレーションによるジャガーのサルーンラインナップが完成する。「松・竹・梅」の3つのサルーンを用意して並べて売るというこの戦略は、もちろんBMW、ベンツ、アウディなどに範をとったものである。Xタイプの参入によって当然の事ながらジャガーの販売は一層拡大した。そのピークが前掲した2002年である。世界でも日本でもジャガーの販売台数はたった3年で2倍になった。

ようするに世界のクルマの販売競争の中でジャガーのボリュームはたった7年間の間に風船のごとく2倍に膨らみ、そしてまた元の姿にしぼんだのだ。

その原因は何だったのか。

Sタイプ、Xタイプともにこの数年で販売台数は半減している。これはある意味で当然の結果だ。Sタイプはすでに登場以来7年、Xタイプで6年である。ヨーロッパの主要生産車のモデルライフはかつての8〜10年から6〜7年へと大幅に縮まってきている。モデルライフの末期にさしかかっている2台の販売が落ち込むのは現在のヨーロッパ車の競争の中では当たり前の出来事だ。

すなわち「異常」なのは実はＸＪなのである。

ＸＪサルーンは２００４年にフルモデルチェンジを敢行している。ところが販売台数はいっこうに伸びないどころか、逆に大きくシェアを失った。年間2〜3万台レベルだったＸＪの販売台数（世界）は今や1万２０００台（06年度）に落ち込んでしまった。かつてはこれ一車で毎年２０００台強を売っていた日本でも、２００５年と２００６年にそれぞれ９００台ずつのＸＪを売ったに過ぎない。ＸＪサルーンこそ真の意味で「人気凋落」したクルマなのである。

ニューＸＪサルーンのコンセプトは「内容の革新」と「姿カタチの継承」であったといってよい。

オールアルミシャシ／ボディの採用によるざん新な専用プラットフォーム、生産技術的革新など、自動車としてのニューＸＪサルーンには意欲的な内容がふんだんに盛り込まれていた。反面エクステリアやインテリアは往年のＸＪシリーズのイメージをリファインしながらそっくり受け継いだ。レンジローバーやポルシェ９１１など、かつてはこの手

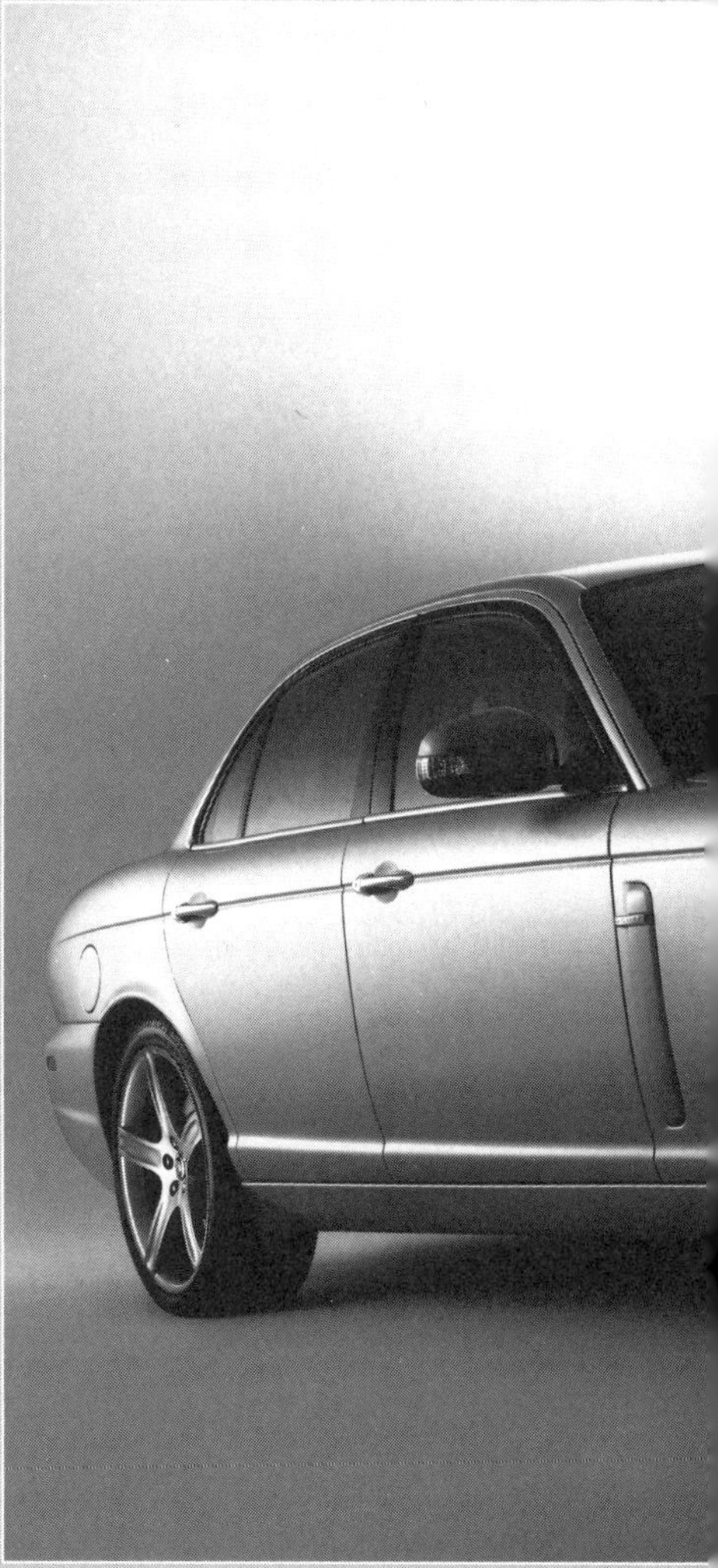

Jaguar XJ

法で多くの名車がブランド名車の進化と継承に成功している。しかしＸＪはそうではなかった。

ベンツもＢＭＷもアウディも、いまやそれのスタイリングイメージを投げ捨て、大胆で攻撃的で斬新なスタイリングで新鮮さを競い合っている。ざん新なスタイリングがブランドイメージを輝かせ人々の心を摑み吸引している。これが21世紀の自動車ブランド戦略の実態だ。誰もメカニズムなど見ていない。誰も内容など気にしていない。21世紀のクルマはカッコとブランドだけで選ばれる。

ジャガーはそれを読み違えた。

ＸＪの失敗は自動車の悲劇である。人々はこれをもって「中身なんかどうでもいい」ことを明白に表明したからである。それが21世紀のクルマとそのブランドイメージの正体だ。

誰もジャガーを笑うことはできない。ジャガーの7年間に起こった出来事は、ベンツ、ＢＭＷ、アウディ、ポルシェ……他のいかなる自動車メーカーにも今後起こりうるのだ。

Hummer H3

ハマーH3

それが「大」であれ「中」であれ「小」であれ、街中でハマーと遭遇したときの威圧感と迫力と恐怖は他のどの自動車のそれとも比類がない。カイエンもレンジローバーもベンツGLも三菱デリカも、この凶暴な雰囲気の前にはお嬢ちゃんも同然である。

デカさと強さとその重量感で他のクルマを圧倒しながら交通の流れを蹂躪《じゅうりん》するというのが、ようするにこの種のRV車にわざわざ街中で乗ることの第一の魅力と有用性なのだし、RV車の商品競争とはその競争に他ならないのだから、ハマーファミリーこそ街乗りRVのジャンルにおけるキングであることは間違いないだろう。ハマーに面と向かって対抗できるのはロールスのファンタムくらいだ。

名前が暗示する如く「H3」はハマーの大中小における「小」だが、兄キの暴力的スタイリングの根幹を成していた車幅の広さを切りつめたことによって、迫力と引き換えに存在の魅力はぐっと身近なものになった。大と中の2人の兄キはいわばステージから降りてきた別世界のプロレスラーかアクション俳優のようなものだが、H3は近所のガキ大将である。デカい顔してそこらを歩いているブランド野郎を片端から叩きのめして歩くには、これくらいがちょうどいいサイズかもしれない。

ハマーの特徴として誰もが思い浮かべるのは、直線と平面で構成されている箱のようなスタイリングだ。しかし直線と平面を多用して箱のようなスタイリングのクルマを作ればハマーのようになるかというと、もちろんそんなことはない。ハマーはまずプロポーションからして他のRVや他のクルマとは大きく違うのである。

真横から見よう。

ボディが上下にぶ厚い。ボンネットからリアにかけて横一直線に引かれたボディラインは地上1.4mの位置にある。前輪より前方にはほとんどボディらしきものがない。前輪のすぐ前でボディはほとんど垂直に裁ち落とされて、そこに無愛想なグリルがついているだけである。ボディのぶ厚さを一掃強調している。一方後輪の背後にもボディはほとんど存在しない。ルーフからバンパーまでやはり垂直に切り落とされた後端は巨大な一種の壁を形成している。ハマーの後ろを走るハメになってしまったかわいそうなファミリーカーを威圧するのはこの壁の存在感である。

キャビン部分は低くて薄い。前後ウィンドウは奇妙なくらい直立していて、屋根はあり得ないくらいまっ平らだ。

ハマーH3においてぶ厚いボディと低いルーフとのバランスは異様である。上にあるものを小さく低く作り、下にあるものは大きく厚く作る。それによって上にあるものはより遠く高く見え、下にあるものはより大きくより厚く感じる。これは一種の遠近法、パルテノン的効果なのである。

クルマの姿をみるときもうひとつ重要なのが各部の横断面形である。ようするに輪切りにしたときの形状だ。

フロントノーズから順にクルマを輪切りにしながらその各部断面を見ると、ハマーＨ３の横断面はフロント部からいきなり長方形でスタートし、ボンネットが終わるところまでそのカタチがほとんど変化しない。フロントウィンドウが立ち上がってクルマの中央部分に達すると横断面はほとんど正方形になる。これもクルマの後端まで変化しない。ハマーＨ３が見る者に与える重量感、存在感、厚み、頑強さ、迫力などの印象はこの単純明快な横断面形によって主にもたらされている。うねりもしなければへこみもしないハマーのボディは、究極のずん胴である。

実はオリジナルのハマー（区別のために「Ｈ１」と呼ばれることが多い）やそれに続いて登場した「Ｈ２」は、ボディ中央部分の横断面形も横長の長方形だった。ボディはフロントから長方形断面で始まり後端でも長方形断面で終わる。Ｈ１やＨ２は全高に対して全幅が異様に広いクルマだ。幅が広いという点ではもちろん交通の中でひときわ目立つ存在だが、カタチが与える印象という点ではＨ３の正方形断面の方がずっと力強い。存在の魅力がＨ３で身近になっただけではなく、むしろ全幅を狭くすることでカタチの力強さを増したのである。

この強靭なずん胴の表面を彩るディテール、すなわちスタイリングの面でもハマーH3の処理はいろいろと独特だ。踊りもしなければ舞いもしない。張りのある平らな面と角を取ったRでひたすら構成されたボディ、愛想というものがまったく皆無のグリルやバンパーやミラーやドアノブやホイルアーチのかたち。これらはスタイリングの手抜きの結果としてそこにあるのではなく、入念に配慮され意図されデザインされた演出として、あるべきところにあるべくしてある。

ハマーの姿は躍動する生物の姿を暗示してはいないし、鷹の目も豹の姿もサメのシルエットも表現していない。ブランドの伝統的モチーフの反復もハマーの中には一切見えない。ハマーH3がそのスタイリングのテイストによって体現しているものがあるとすれば、それが機械であるという事実そのものだろう。ハマーの姿は己が一塊の機械であることを凶暴に主張する。ストレートで矛盾のないこのスタイリングの思想性こそ、ちゃらちゃらと舞い踊る、そこらのブランドRV車をその存在感で圧倒するハマーのパワーである。

「デカ厚」とはRVとSUVに支配されたここ10年のクルマの世界の流行のキーワードだが、もともとは時計の世界で言われ始めた言葉だ。デカ厚の先鞭を告げたのはご存知「パネライ」という腕時計である。

20世紀末の世界的時計ブームの折に突如出現したイタリアのパネライは、その巨大なシルエットと厚さの圧倒的迫力で旧来の大人腕時計の存在を駆逐蹂躙し、デカ厚カルチュアを時計世界にもたらした。今ではロレックスもパテックフィリップなどの老舗ブランドまでもがデカ厚時計を作らざるを得なくなってきている。

１９３０年代に平均32ミリ、１９９０年代初頭でも平均37ミリだった紳士用腕時計のボディ直径は、パネライ以後一挙45ミリにまで拡大した。人間の身長や体重や胴周りの太さは10年間で22％も肥大化していないのだから、明らかに人とのバランスという点ではこの腕時計はデカいし厚過ぎる。だがデカ過ぎ厚過ぎ太過ぎることこそストリートファッションという一種の反抗文化のキーワードのひとつなのだから、ここではアンバランスこそバランスなのである。

もうひとつ、パネライに始まったデカ厚時計がその存在感によって投げかけているのはやはり機械そのもののことである。左腕で存在を主張する機械。それは機械であることをひたすらひかえめにしようと進んできた腕時計世界の進歩発展に対する自発的な反発でもあるだろう。

皮肉なことにパネライもハマーも、そのデカ厚な姿かたちの根源にあったのはミリタリーである。

パネライの発端はイタリア海軍のU.D.T.（Underwater demorition team＝水中工作

隊）のために1930年代から作られてきた軍用腕時計で、巨大なケースはタフなその使用に耐えるために考案されたものだった。リューズが不用意に回転してしまわないようにする頑丈なガード、水中でも視読しやすいように蛍光塗料をふんだんに使用した巨大な文字盤。ぶ厚いボディも当時ロレックスから供給を受けていた内部の機械を水圧とショックから守るためである。

パネライの姿カタチを生んだ事情は、パネライがデカ厚であることの正当性を主張する理由としてことあるごとに持ち出される。しかし市販のパネライを左手にはめて水中で実際に破壊工作をしてみる人間はいないし、現在のパネライはそのような特殊な目的のために作られているのでもない。ちなみに本物のU.D.T.、すなわち各国の水中戦特殊部隊が左手にはめているのは、そのうちの一人から直接聞いてみたところでは「圧倒的にカシオのGショック」だそうである。「安くて丈夫で、戦争であれに優る時計はない」らしい。そんなものだ。

ハマーH3もおそらくイラクの砂漠で戦争に使われるのはちょっと荷が重いかもしれない。だがその姿カタチの根源はパネライ同様軍用車である。

ハマーの名はヒップホップのミュージシャンからもらったのではなく、HMMWV（High Mobility Multipurpose Wheeled Vehicle＝高機動多目的車両）の通称名「Humvy」

から来ている。ジープに変わる軽装甲トラックとして1980年代に開発され、アメリカ陸軍に採用された四輪駆動車である。名称にある「高機動」とは悪路踏破性などだけではなく、現代の高速機動戦に追従できるスピードと操縦性と渡河能力を与えたことを示唆している。

ハンビーが旧来のジープに比べて極端に幅広く低いシルエットになった理由のひとつは、スピードと操縦性、すなわち機動性のためである。ハンビーは車軸部にギアを一段かませてタイヤ回転中心を車軸より下に降ろす「ハブリダクション」方式を使って地上高を非常に高くしたが、それは戦車に追従しうる渡河性能を確保する理由が大きい。地上高を高く重心を低くするため、ハンビーは車体中央を縦に貫通するフレーム構造を備えた。軽量なアルミ車体をそのフレームの左右に被せるように架装する。タイヤの前後のボディを切り詰めたのは、悪路踏破性や渡河時の車輪の進入角度（アプローチアングル）と脱出角度（デパーチャアングル）を大きくするためだ。

ハンビーのその名の「多目的性」とは各種の武装パッケージの存在を意味する。基本車体はオープン構造だが、ここにハードトップ、機銃席を設けたキャビン、カーゴトップ、装甲キャビンなどの各種武装パッケージを取り付けて、多彩な用途に応じられるようにした。ドアまでもが脱着式で、外して走ることもできれば防弾装甲仕様のドアを取り付けることもできる。キャビンの両端が直立していてルーフが真っ平らなのは、そうした多目的性の実現のためのデザインである。ハマーH3に受け継がれているスタイリングテイストの出発点もパネライのそれと同様、機能の必然なのである。

機械の性能が世界均質化した現在の自動車においては、商品力の優劣を決定しているのは「値段」と「スタイリング」と「ブランド力」だけであると言っても言い過ぎではない。機械としての性能はそれら3つの商品力の裏付けに過ぎない。設計／生産技術的に十分熟成した商品というのはファッションや時計や家電製品に限らず、そういうものなのだろう。

しかしモードとファッションとスタイリングをひたすら追い求めるスタイリストのイマジネーションの力量だけでは、クールとエレガンスとモダンのはざまを行ったり来たりするだけで、未来への突破口を見いだせないこともまた明らかだ。新風は常に別の世界からもたらされる。ロック、パンク、ストリート、ステルス、バイオテクノロジー、マイクロエンジニアリング。ハマー文化を作ったのもいわばそういう「外」からの風である。

結局のところ世の中というものは基調と反抗との間に生じる抗争と調和によって形成されてきた。保守的な人々が何かを守り抜こうとし、たとえ守り抜いたとしても、革新のパワーの影響を必ず少なからずは受ける。度合いがある線を越えれば「革命」ということになるのだろうが、そこに至らずとも世の中は改革のパワーによって有形無形の変化を遂げ

Hummer H3

るのである。革新派は革新派で、世に広く影響を及ぼす頃になってくると当初のエネルギーを失って形骸化し、いずれ単なる流行現象と何ら変わらなくなる。言うまでもなく革新のパワーとはそれが革新的であることそのものに立脚しているからだ。

デカ厚は革新をへて流行になった。

次は何か。それはどこからやってくるのか。確かなのはそれが「デカ厚」では決してないということだけだ。

Volvo S80

ボルボS80

ジャガーとともにここのところあまり話題にのぼらなくなったのが「ボルボ」というクルマのことである。あれほど街を走り回っていた850エステートも最近とんと見かけない。代わりに街をのして走っているのはアウディ・アバントの一族や多種多彩なSUVである。調べてみると日本におけるボルボの販売台数が頂点を極めていたのはやはり1996年ごろ、850が売れに売れていたあの頃だった。

「安全」「堅牢」「堅実」というそれまでのボルボのイメージを突貫したような「T5R」というスポーティモデルが登場し、日本におけるボルボ人気は一層白熱した。しかし絶頂を迎えた後はいささか急速にその熱が冷める。96年に2万4000台を売った販売台数は2000年には1万7000台へ落ち込み、2006年には1万3000台と、かつてのおよそ半分に衰退した。

ボルボ人気はなぜ凋落したのか。

衝突安全性に関する各国の基準の見直しによって、かつてのボルボに不動のイメージをもたらしていた「安全」はいまやすべてのクルマの標準装備になった。いま思うとT5Rの人気はそれに代わるボルボの新しい商品力の可能性を示唆していたのだが、なぜかボルボはその路線を強力に継承して推し進めていこうとはしなかった。かといって他に何かパンチ力のある商品企画が提示されたわけでもない。

ボルボ・カーズ・ジャパンはもうひとつ鋭い自己分析をしている。輸入車市場のかつての主力販売価格帯は450万円台だった。ベンツC、BMW3、アウディA4。850もまさにその価格帯。だがベンツAクラス、BMW1シリーズ、アウディA3、そしてミニの人気などによって、300万円台のマーケットが急速に拡大し、輸入車の主力価格帯が600万円台と300万円台の上下ふたつに二分化された。450万円台というのは山間の谷になったのである。300万円台のモデルをボルボは持っていない。それが痛かったというわけだ。

ボルボ・ユーザーに対する最新のオーナーズ・サーベイによると「ボルボを買った理由」の1位は「デザイン」だったという。これもボルボ像に対する意識の大きな変化を示している。もちろんかつてはボルボを買う理由が「安全性」以外であったことなど、ただの一度もなかったのである。

もちろんここに掲げたようなことは誰よりもボルボ社自身がもっともよく熟知しているだろう。2006年に同社CEOに就任したフレドリック・アルプは、設備投資の増大とニューモデルの投入を積極的に推進し、現在年産45万台レベルの生産台数を2009年までに60万台とする中期計画を策定した。そのトップバッターがプレステージサルーンの「S80」、そこに続く3台のニューモデルである。

S80はフォード・グループのワールドカー戦略の一環として開発されたモデルで、フォード／ジャガー／ボルボ／ランドローバー（フリーランダー）などとプラットフォーム基幹技術を共用するクルマである。いまやボルボユーザーにとって最大の関心事となったスタイリングは明らかにV70以来のボルボ車の延長線上にある。

「肩を張った断面」とでも言うべきだろうか、ボディの横断面の凸型をヘッドライトからテールライトまでボディサイド一直線に通すという、地味だが他に類例のないスタイリングテクニックだ。フォードのデザイン部門の最高責任者に抜擢され大出世したイギリス人デザイナー、ピーター・フォルバリーの手によるものだそうだが、S80ではボディが大型化したことによってその独特な個性と魅力はむしろV70系より薄まってしまった感もある。

その点今年のジュネーブショーで発表されたC30はフォルバリー凸断面スタイリングがいかんなく発揮されたモデルである。ボルボ待望のCセグメント車で、まさしく日本に上陸すれば300万円台の主力クラスになる。ボディが2ドアハッチバック（＝3ドア）オンリーというのが商品力の最大のネックだが、鋭い眼光、バランスの取れた力強いサイドシルエット、凸断面をこれでもかと強調したテール部の造形などに、近年ボルボ・スタイリングの集大成を見る。このクルマは日本でもそこそこ売れるだろう。

だがボルボの真の反撃はここからだ。

最近ベンツから移籍してきたスティーヴ・マッティンというチーフデザイナーは、より強烈で動物的で「えぐい」テイストをボルボに与えようとしている。デトロイトショーで公開されたクロスオーバービークル「XC60コンセプト」はその新生ボルボ・スタイリング第一弾である。放つオーラの強烈さに「これがボルボか」とだじたじとするほどだが、一方でスティーブ・マッティンはインテリア・デザインの存在も重視し、そこに北欧インダストリアルデザイン的な「スカンジナビアン・テイスト」を盛り込むことを唱えているという。確かにこれまでのボルボのインテリアはよくも悪くも単純にゲルマン的だった。その狙いは少なくとも言葉の上では正鵠《せいこく》を突いていると言えるだろう。

「スタイル」と「価格」と「ブランド」。この三つだけをあれこれ考えて決めるのが21世紀のクルマ選びの実態である。ブランドのイメージを作るのは歴史でも技術でもレースの実績でもなく、スタイリングの出来映えだ。これが21世紀のブランド神話の実態である。

ボルボが再びかつての勢いを取り戻すことができるかどうかは、そのスタイリングの評価如何だろうが、もちろんこの戦いで全員が勝者になることはないし全員が目標を達成することもないだろう。21世紀も13世紀も関係なく、これが有史以来続いてきた生存競争の実態というものだからである。

Volvo S80

255
ボルボS80

あとがき

本書は男性ビジネス雑誌「ゲーテ」（幻冬舎刊）の創刊号から1年半に亘って連載した「如何にしてブランドはカタチを作り、カタチはブランドにイメージを与えるか」というタイトル記事に加筆・訂正を加え、当初の掲載順に収録したものである。巻頭のプロローグ部分も「ゲーテ」誌に寄稿した試乗記事だが、それに続く「著者に訊く」は本書のために行われたインタビューを元にした書き下ろしである。

ゲーテ誌の額田久徳編集長代行とは10年近い付き合いになる。額田さんがKKワールドフォトプレス社に在籍していたころ、本書を始めとする双葉社刊の拙書のすべてのプロデュースを担当してくださっている加藤晴久氏の紹介で「ウオッチ・ア・ゴーゴー」という時計の雑誌に腕時計が作られる工程を取材した連載記事を書く仕事を頂いたのがきっかけだった。その後、額田さんは幻冬舎に移籍、「ゲーテ」の創刊にあたって声をかけてくださった。

額田さんは私にとってある意味では「最強の編集者」である。なぜなら額田さんは私がこれまでにだらだらと出し続けてきた20数冊の単行本を一冊残らず読破しただけでなく、雑誌の連載記事にも毎月すべて目を通し、「その内容のほとんどを丸暗記している」くらいの熱烈な読者だからだ。ライターにとってこれこそ地獄である。だいたいこちとら天才でもなければ超人でもなく、文才もなければ学歴もなく、最近では記憶力にもまったく乏しいという体たらくだから、多少なりともマトモな考えや気のきいた話のほとんどすべては、必ずもうどこかで一度文章に書いてしまっている。そんなものをいちいち丸覚えなんかされたりした日には、一体何の会話をしたところで何の原稿を一生懸命書いてみたところで「どこかで一度読んだ話」になってしまうのは当然だ。こういう方とお話していると自分の能力を一分一秒洗いざらい問われているような気分になる。

「あ～その話は読みました。その話も読みました。その話もこの話もあの話もどの話も、みんな何回も何回も読んでとっくの昔に耳タコです。他になんかないんですか。他になんかないんですか。もっとなんかないんですか。もっと他になんかないんですか」

言葉に出しては決しておっしゃらないけれど、上目がちな目はいつもそう語っている。そんなものあるわきゃない。

それでこういう本ができた。「新境地」などとはまったくお恥ずかしい限りだが、ともかくまったく同じ話をまた書かずにすんだのは、すべて額田さんのおかげである。

版元の意向もあって本書には「世界自動車戦争論」などといういささか扇情的なタイトルが付いている。しかし本書の内容はもちろん連載時のタイトルで標榜しているテーマをいささかも超えるものではない。これが一冊の本になんとかまとまったのは、まことにタイミング良く日産ＧＴ－Ｒが登場してくれたからだ。日産ＧＴ－Ｒの存在がもしなかったら、本書は日本の自動車商売に捧げる鎮魂歌のようなものになっていただろう。その理由は本書をご一読いただければお分かりになると思う。

「なるほどなるほど。……んで次は？」

日本の自動車メーカーの気持ちも最近はなんだかとてもよく分かるのである。

福野礼一郎

世界自動車戦争論1
ブランドの世紀
2008年4月10日 初版第1刷発行

著者……福野礼一郎《ふくのれいいちろう》

発行者……赤坂了生

発行所……株式会社双葉社
〒162-8540 東京都新宿区東五軒町3-28
電話……03-5261-4818［営業］ 03-5261-4839［編集］
http://www.futabasha.co.jp
（双葉社の書籍・コミックスが買えます）

印刷所……三晃印刷株式会社

製本所……株式会社川島製本所

ISBN978-4-575-30027-7 C0095